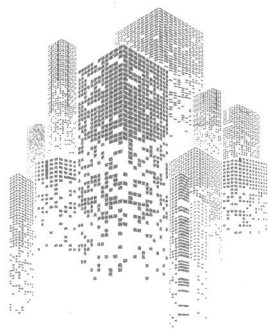

工程造价争议

典型案例解析

Analysis of Typical Cases of Engineering Cost Disputes

张 侠 王启存 主编

化学工业出版社

·北京·

内 容 简 介

本书汇集由多位建筑行业从业人士精选的 116 个争议频发且处理难度较大的工程造价争议典型案例，从项目全生命周期视角追溯争议根源，为化解双方争议提供专业建议。本书从"事实阐述""造价争议""案例解析"及"相关依据"四个维度对所选案例进行深入剖析，并提供专业的解决方案。希望本书能够帮助相关从业人员在掌握造价争议处理要点、有效化解矛盾的同时，避免产生不必要的经济损失和时间成本。

本书可作为施工企业造价技术人员、建设单位造价管理人员、造价咨询人员、造价审计人员、合同管理人员、项目经理等建筑行业从业人员的培训用书，能够为从事建筑工程相关业务的法律工作者提供有价值的参考，也可供高等院校相关专业师生阅读学习。

图书在版编目（CIP）数据

工程造价争议典型案例解析 / 张侠，王启存主编.

北京：化学工业出版社，2025．7（2025．11重印）. -- ISBN 978-7-122-47994-5

Ⅰ．TU723.31

中国国家版本馆 CIP 数据核字第 2025YB8189 号

责任编辑：李旺鹏　　　　　　　　　文字编辑：连思佳

责任校对：李露洁　　　　　　　　　装帧设计：张　辉

出版发行：化学工业出版社

　　　　　（北京市东城区青年湖南街 13 号　邮政编码 100011）

印　　装：中煤（北京）印务有限公司

787mm×1092mm　1/16　印张 12¼　字数 300 千字

2025 年 11 月北京第 1 版第 9 次印刷

购书咨询：010-64518888　　　　　　售后服务：010-64518899

网　　址：http://www.cip.com.cn

编委会名单

主　编：张　侠　王启存

参　编：欧阳赞　张陵乐　李桂婷　张　晨

　　　　田　伟　郝　晶

主　审：田　检　张　琳　易保明　李佩遥

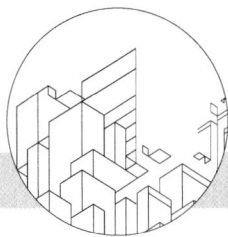

序

以案例为镜，以专业为锚，
共筑工程造价争议解决新未来

在建筑行业高速发展与变革的浪潮中，工程造价争议始终是横亘在发承包双方之间的一道难题。它不仅是技术层面的博弈，更是法律、合同、管理等多维度交织的复杂课题。如何以专业之力化解争议、以理性之光弥合分歧，是行业持续健康发展的重要命题。在此背景下，《工程造价争议典型案例解析》一书的问世，恰逢其时。本书由张侠、王启存两位专家领衔主编，以其深厚的理论功底与丰富的实践经验，为行业提供了一部兼具理论高度与实践深度的争议解决指南。

一、扎根实践，以案例解析破解行业痛点

本书最鲜明的特色在于"以案例为镜，以问题为导向"。全书精选招标投标、施工管理、竣工结算、财政审计四大阶段的116个典型案例，涵盖土方处置争议、暂估价调整、不平衡报价处理、工期延误责任划分等高频争议场景。每个案例均遵循"事实阐述—造价争议—案例解析—相关依据"的逻辑框架，既还原真实情境，又剖析争议本质，更提供解决路径。例如，在"案例3：暂估价在结算时是否下浮，确认价格时能否计取利润？"的案例中，作者不仅结合《建设工程工程量清单计价规范》与《中华人民共和国民法典》条款逐层解析，更从合同要约、风险分担、市场公平等角度提出兼顾法理与实操的结论，充分体现了"从实践中来，到实践中去"的编撰理念。

这种案例驱动的解析方式，打破了传统造价书籍偏重理论阐述的局限，直击行业痛点。书中案例如同一个个"微缩战场"，让读者身临其境地感受争议焦点，并通过专业解析掌握破局之道。这种"沉浸式学习"不仅能够提升从业者的实战能力，更能培养其系统性思维，为工程造价争议解决注入科学化、规范化的新动能。

二、跨界融合，以创新思维推动专业深耕

本书的另一大亮点在于编者的"跨界视野"。主编之一的张侠先生既是深耕造价领域二十余年的资深专家，亦是活跃在短视频平台的行业"网红"。他以"侠哥造价"系列短视频为载体，用通俗语言普及专业知识，累计影响数百万名从业者；而本书的出版，则彰显了他从"短平快传播"向"体系化深耕"的跨越。这种"短视频+专著"的双轨模式，恰恰契合

了数字化时代知识传播的多元需求——既以轻量化内容触达大众，又以深度研究赋能精英，实现了专业价值的全域渗透。

值得一提的是，本书在案例解析中创新性融入了法律思维、审计视角与鉴定逻辑。例如，在"财政审计阶段争议"一章，作者不仅聚焦造价技术，更深入剖析行政审计与市场规则的冲突，提出"以施工视角看审计，以审计视角看施工"的辩证方法论。这种跨界融合的思维，打破了造价行业的传统边界，为争议解决提供了更开阔的视野。而王启存等编者在工程法律与合同管理领域的深厚积淀，则进一步提升了本书的专业纵深感，使其成为一本"造价+法律+管理"的复合型工具书。

三、面向未来，以专业共识凝聚行业力量

当前，建筑业正经历数字化、智能化转型，工程造价争议解决亦面临新挑战：BIM 技术如何应用于工程量核验？人工智能能否辅助争议调解？全过程咨询模式下风险分担机制如何重构？这些问题亟需行业共同探索。本书虽以传统争议案例为切入点，但其体现的"证据为王、规则为纲、专业为本"理念，恰恰为应对未来挑战奠定了基础。

展望未来，随着相关法律法规乃至合同示范文本对建设工程合同的细化、工程造价纠纷调解机制的完善，以及行业信用体系的建立，争议解决将走向更高效、更透明的轨道。而本书的出版，正是这一进程中的重要里程碑。它不仅是工具书，更是一种行业共识的凝聚——通过标准化、案例化的知识沉淀，推动造价争议从"零和博弈"转向"合作共赢"，从"事后纠偏"升级为"事前防控"。

四、致敬作者，以专业精神引领行业前行

荣幸受邀为本书作序，我尤为感佩张侠先生的"双面担当"。在信息爆炸的时代，他既能以短视频点燃大众对造价知识的热情，又能以严谨专著筑牢行业根基；既能拥抱新媒体浪潮，又能坚守专业深度。这种"与时俱进而不失本心"的治学态度，正是造价人最珍贵的品质。另外，王启存等编者将其对合同风险的深刻洞察注入案例解析，使本书兼具技术准确性与法律严谨性。

此书付梓之际，向编写团队致以诚挚敬意。期待本书能成为造价从业者的"案头必备"，为化解争议、规范市场、提升行业公信力贡献力量。更希望以此书为起点，涌现更多聚焦实践、敢于创新的专业著作，共同谱写工程造价行业高质量发展的新篇章！

中国建设工程造价管理协会理事
广东省工程造价协会荣誉会长、专家委员会主任
中量建设管理集团董事长
钟　泉
2025 年 5 月于广州

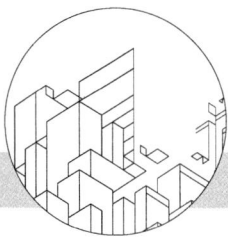

前　言

在当今复杂多变的建筑市场环境中，工程项目的结算审核不仅仅是一个技术性课题，更是涉及法律、合同、经济和管理等多个方面的综合性课题。本书为了更好地回应上述现实需求而编写，通过深入分析 116 个实际案例，旨在为读者提供一个全面、系统的知识框架，以应对工程结算过程中可能遇到的各种挑战和问题。

工程结算是建设项目中不可或缺的一部分，它直接关系到承包人和发包人的经济利益。在建设工程领域，结算审核过程往往涉及复杂的法律条款和经济利益博弈。承包人在完成工程建设任务后，项目必须经过严格的结算审核程序，才能获得相应报酬。这一过程不仅涉及合同条款的解读，还包括对实际施工情况、材料使用情况及其他相关因素的全面评估。因此，如何科学合理地进行结算审核，以确保各方权益受到保护，是本书探讨的重要主题之一。

在建筑工程中，结算审核不仅是对最终费用的确认，更是对整个施工过程中合同执行、设计变更及现场签证等多方面因素的综合考量。通过系统审核，可以及时发现并纠正潜在问题，避免因信息不对称或资料不完整而导致的经济损失。这一过程不仅需要审核人员具备专业的知识和技能，还要求其拥有敏锐的洞察力和良好的沟通能力，以便与各方有效协作。

在实际操作中，结算审核往往面临诸多挑战。例如，资料的不完整、合同条款的不明确以及现场实际情况与图纸设计不一致等，这些问题都可能导致结算审核过程中的争议和延误。因此，本书将通过列举 116 个真实案例，详细解析结算审核过程中的常见问题及其解决方案。每个案例包括"事实阐述"→"造价争议"→"案例解析"→"相关依据"四部分内容，从实际出发，结合法律法规、行业标准及市场实践，力求帮助读者掌握结算审核的核心要点。希望通过这样的方式能够有效帮助读者提升实战能力，从而在面对复杂情况时更加游刃有余。本书还将探讨承包人在面对不利审计结果时所应采取的应对策略。在实践中，承包人需要对不利的审计结果提出异议，这就要求其具备一定的法律知识和谈判技巧。有效收集证据、准备材料，并与发包人进行有效沟通，是承包人维护自身权益的重要环节。本书将基于此，为承包人提供实用建议和指导。另外，本书中出现的部分"审计"相关内容意为"审核"，考虑到读者的阅读习惯，未作区分，望读者注意区分。

本书不仅适用于项目经理、造价人员和合同管理人员等建筑行业从业人员，也能够为从事建筑工程相关的法律工作者提供有价值的参考。同时，本书也可作为高校法学专业和建筑工程相关专业课程的教材，可帮助学生更好地理解和掌握建设工程领域中的法律实务。

最后，感谢所有参与本书撰写和编辑工作的同仁，是大家共同的努力和智慧促成了这本书的顺利完成。

期待读者们在阅读中获得启发，共同推动工程造价结算审核领域的进步与创新。造价管理与法律相结合，在当今的建筑行业仍然是一个探索中的话题，因此本书中的一些观点与方法难免会出现疏漏，希望广大读者来信指正（电子邮箱：1191200553@qq.com），期待与您共同探讨这一重要领域的发展方向。

2025 年 5 月

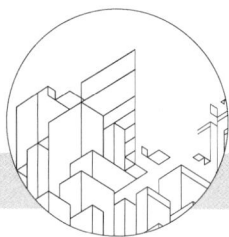

目 录

第四章　财政审计阶段争议　169

参考文献　183

第一章

招标投标阶段争议

第一节　招标人责任争议

案例 1：工程变更引发 200 万元纠纷，现拌砂浆变为预拌砂浆谁之过？

1. 事实阐述

某合同为清单计价。招标清单中项目特征描述为"现拌砂浆"。标前，承包人在答疑阶段指出应为"预拌砂浆"，但发包人坚持使用"现拌砂浆"。承包人按"现拌砂浆"报价，但套用预拌砂浆定额，材料价格为 120 元/t。实际施工时，发包人将砂浆变更为"预拌"。因此，承包人提出发包人需补约 200 万元的差价。

2. 造价争议

🗳【承包人立场】

投标报价主要取决于清单项目特征描述。本案例中，招标清单中标明为"现拌"，实际使用预拌，需补差价。承包人基于"现拌"描述降低了预拌砂浆材料价格。

综合单价合同中，承包人可自主选择定额进行报价。合同价款的计算、调整和确认以工程量清单及其综合单价为准，而非投标所用定额子目或名称。

👥【发包人立场】

投标报价采用的预拌砂浆定额与现场实际情况相符，因此不允许调整价格。本项目由承包人自行报价，其中预拌砂浆材料费 120 元/t 的单价应视为承包人的让利行为。

3. 案例解析

清单项目特征描述是投标报价的核心依据，其准确性直接影响到综合单价的确定。根据《建设工程工程量清单计价规范》（GB 50500—2013）第 9.4.2 条的规定，当项目特征描述与实际施工内容出现偏差时，若存在有效的变更文件，应严格按照实际施工特征重新确定综合单价。承包人享有自主报价权，并对综合单价的合理性承担最终责任，而发包人无权仅凭承包人投标报价明细中的高低错漏作为调价的判定依据。具体到本案，发包人作为招标清单的编制主体，根据《建设工程工程量清单计价规范》（GB 50500—2013）第 4.1.2 条的规定，应对清单描述的准确性承担首要责任。其坚持使用"现拌砂浆"这一与实际需求不符的描述，直接导致了合同履行过程中的争议。因此，承包人的主张应得到支持。发承包双方应依据变更后的实际施工内容，并结合原投标报价水平，对综合单价进行合理调整。

合同规定采用清单计价。根据《建设工程工程量清单计价规范》（GB 50500—2013）第 4.1.2、第 9.3.1、第 9.4.2 条之规定，需要重新确定综合单价并补偿承包人差额。然而，重新定价时，取费和报价浮动率等应与原投标价格水平一致。

4. 相关依据

（1）依据《建设工程工程量清单计价规范》（GB 50500—2013）第 4.1.2 条："招标工程量清单必须作为招标文件的组成部分，其准确性和完整性应由招标人负责。"

第 9.3.1 条第 3 款："已标价工程量清单中没有适用也没有类似于变更工程项目的，应由承包人根据变更工程资料、计量规则和计价办法、工程造价管理机构发布的信息价格和承包人报价浮动率提出变更工程项目的单价，并应报发包人确认后调整。"

第 9.4.2 条："承包人应按照发包人提供的设计图纸实施合同工程，若在合同履行期间出现设计图纸（含设计变更）与招标工程量清单任一项目的特征描述不符，且该变化引起该项目工程造价增减变化的，应按照实际施工的项目特征，按本规范第 9.3 节相关条款的规定重新确定相应工程量清单项目的综合单价，并调整合同价款。"

（2）可借鉴《建设工程工程量清单计价标准》（GB/T 50500—2024）中，第 8.9.1 条第 3 款："相同施工条件下实施不同项目特征的清单项目或不同施工条件下实施相同项目特征的清单项目，可依据工程实施情况，结合类似项目的合同单价计价规则及报价水平，协商确定市场合理的综合单价。"

（3）可借鉴《建设工程工程量清单计价标准》（GB/T 50500—2024）中，第 3.1.8 条："采用单价合同的工程，分部分项工程项目清单的准确性、完整性应由发包人负责；采用总价合同的工程，已标价分部分项工程项目清单的准确性、完整性应由承包人负责。建设工程无论是采用单价合同或总价合同，按项编制的措施项目清单的完整性及准确性均应由承包人负责。"

案例 2：承包人在投标中采用不平衡报价时，如何进行工程结算？

1. 事实阐述

某学校工程项目，资金来源为财政资金，发包人通过公开招标方式确定某建筑公司为承建单位。2023 年 11 月签订的施工合同采用工程量清单计价方式，合同价格形式为单价合同。竣工结算时出现计价争议。

合同约定："若投标报价文件中分部分项工程量清单综合单价高于按专用条款76.1.1条规定计算的综合单价，或低于该单价的70%，则视为不平衡报价。"竣工结算时，发承包双方就不平衡报价项目是否应按调整后的综合单价作为结算单价产生争议。

2. 造价争议

⬢【承包人立场】

承包人的投标单价是基于当时行业环境和企业经营状况自主确定的，与预算定额组价存在一定差异。然而，合同约定将高于投标预算额组价的投标单价认定为不平衡报价，这一做法有失公允。招标文件仅提供了投标限价总额，未提供各清单项综合单价，而承包人的投标总价符合最高投标限价要求。根据本项目招标文件中投标须知通用条款第13.4条规定，中标后投标人在结算时对工程量清单中列出项目的综合单价不得变更。因此，不平衡报价项目的结算单价不应按"不平衡报价"调整，而应按投标报价单价执行。

如果投标人在投标阶段采用了不平衡报价，确实违反了招标文件或法律规定，招标人应及时提出异议或否决其投标。若招标人在评标过程中未及时发现并提出异议，且确定该投标人为中标单位，即使投标文件明显违反了招标文件管理性规定，承包人的不平衡报价的投标价格也具有要约承诺的意义，具有法律约束力。

👥【发包人立场】

按本项目合同专用条款第72.2款约定，仅核减"不平衡报价"项目的综合单价。不平衡报价项目的结算单价应采用调整后的综合单价。对于原合同清单单价高于重组单价的清单项，根据本项目合同条款72.2条按新增变更清单项计价办法进行再次组价，按合同下浮率下浮后，在不高于原合同清单单价的前提下作为最终结算单价。

3. 案例解析

不平衡报价是国际工程中的惯例，FIDIC（国际咨询工程师联合会）合同也未予禁止。不平衡报价既是承包人后期主张工程索赔的伏笔，也是施工企业的经营策略，同时发包人亦可利用其对合同进行变更等调整，以保护自身利益。

不平衡报价是工程管理中常见的报价技巧。投标人在确定投标总价后，在保持总价不变的前提下，调整各子项目的工程单价，以获得更好的经济效益。然而，不平衡报价也是一把双刃剑，考验合同双方的管理和专业水平。它可能为承包人带来更好的结算效益，但也可能被发包人利用而导致增加经营风险，降低利润。

在以不平衡报价形成的合同价格中，合同当事人应当明确价格情况。在尊重当事人意思自治的前提下，即使总价不变，也不应对不平衡报价中的单价进行调整，应按合同单价结算。

例外情况包括：招投标活动或合同签订过程中存在违法行为导致合同无效，如串通投标损害合法利益，或合同交易行为本身违法，则按相关规定处理。基于缔约自由和私法自治原则，如不属于法律规定的直接认定无效情形，不平衡报价原则上应为有效，结算时不得调整。

4. 相关依据

(1) 依据《中华人民共和国招标投标法》第四十六条规定: "招标人和中标人应当自中标通知书发出之日起三十日内, 按照招标文件和中标人的投标文件订立书面合同。招标人和中标人不得再行订立背离合同实质性内容的其他协议……"招标投标法释义对此作了解释: 该条规定的"实质性内容", 是指投标价格、投标方案等实质性内容。若允许招标人和中标人再行订立背离合同实质性内容的其他协议, 则违反了招投标法及招投标活动的初衷, 使整个招投标过程失去意义, 对其他投标人也是不公正的。

(2) 可借鉴《建设工程工程量清单计价标准》(GB/T 50500—2024)中第 6.1.9 条: "采用单价合同的工程, 投标人应按要求完整填报工程量清单中所有清单项目的综合单价及其合价和(或)总价计价项目的价格, 且每个清单项目应只填报一个报价, 未按要求填报(漏填或未填)综合单价及其合价和(或)清单项目价格的, 宜按本标准第 3.5.4 条的规定完成相关的投标报价澄清或说明, 相关清单项目报价可视为已包含在投标总价中。"

案例 3: 暂估价在结算时是否下浮, 确认价格时能否计取利润?

1. 事实阐述

某厂区建设项目采用单价合同招标, 中标价与招标控制价对比, 下浮率为 8%。清单编制时, 因排污泵规格型号不确定, 将其列为暂估价 4000 元/台; 室内通风系统涉及工业设备散热参数, 设计院不了解具体情况, 将其注明为二次设计, 招标时列为暂估价 700 万元。施工过程中, 经监理工程师和发包人确认, 排污泵实际采购价格为 5000 元/台; 室内通风系统经甲乙双方共同招标, 确定专业分包价格为 600 万元。结算时, 发包人主张暂估价应下浮 8% 计入结算, 承包人则认为应考虑 4.5% 正常利润, 双方因此产生争议。

2. 造价争议

⬚【承包人立场】

暂估价在双方共同招标时, 仅确认了专业分包价格与设备价格, 未计取承包人利润, 因此需按预算规定的 4.5% 考虑利润。分包招标投入的人力物力及相应管理事项为实际发生, 且施工与分包签订合同时, 承包人需为分包方提供施工配合服务, 承担现场进度和安全责任, 以及工程款支付的财务管理等, 均应计取费用。按签订合同价格的 4.5% 计取利润较为合理。

在招标阶段, 暂估价清单根据计价规范规定不参与下浮。中标后已确定下浮比例, 结算时不应下浮。若结算时下浮, 则需在分包合同价格基础上先上浮 8% 再下浮, 因为认价时未考虑下浮因素, 仅对分包提供的实际交易价格进行认定。因此, 如果暂估价下浮实际上等同于从其他清单项中扣除承包人的费用, 这样操作不合理。

【发包人立场】

招标过程中，中标方以8％的下浮率获得项目，这已经暗示了下浮比例的默认存在。清单子目中的各项均已参与下浮，包括本条清单中作为暂估价的设备。承包人应当考虑到这一下浮因素。下浮本质上是承包人为获得中标而采取的让利策略。合同中的所有价款均应参与下浮，因为8％的下浮率是针对整体报价的，不应单独考虑某个单项不参与下浮。

在合同未明确约定暂估价不参与下浮的情况下，应整体下浮8％。合同中未约定暂估价的利润计取，承包人在报价时将利润考虑在其他项目中是合理的，这与单价合同的特性并不矛盾。因此，不应补偿利润。

3. 案例解析

从合同角度分析，该情况涉及两个独立的要约。报价下浮率是以中标为前提的要约，而暂估价则是针对施工过程中暂估事项的价格认定要约。在未特别说明的情况下，这两个要约并不存在矛盾。发包人在中标前已知悉暂估价为临时计入的价格，并在施工过程中再次确认。在认价过程中，发包人仅确认了分包商的报价，未考虑下浮率，因此暂估价不应下浮。合同中未就暂估价是否包含利润作出约定，故承包人提出的投入成本费用主张缺乏依据。

暂估价属于通过招标形成的专业分包的合同价，属于双方确认的市场价，结算时不应下浮，暂估价下浮对承包人不公平。双方招标确认的价格相当于对原合同缺失价格的专业工程形成补充约定，因此暂估价不应下浮。

清单计价规范仅对工程变更在结算时的下浮率作出约定，而未对暂估价作出明确规定。清单计价规范条文说明第6.2.8条给出了不能总价优惠的规定，可以解释为承包人在投标时的让利行为，这种让利是针对每条清单的综合单价进行的而非总价让利。基于单价让利的理解，专业暂估价作为一条清单，在中标时并未参与让利，因此在结算时也不应该使用下浮率。

根据清单计价规范第9.9.4条第3款和《2013建设工程计价计量规范辅导》（中国计划出版社）第9.9条的解释，当专业分包价格取代暂估价调整合同价款时，不应再计取企业管理费和利润。这两处规定表明，承包人不应在此情况下增加企业管理费和利润。

4. 相关依据

根据施工合同示范文本中通用条款所规定的暂估价实施流程和定价方案，专用条款可另行约定。依据清单计价规范，可找到关于下浮的相关规定，以及在规范辅导中暂估价不得计取企业管理费和利润的依据。所需要的依据如下。

（1）依据《建设工程施工合同（示范文本）》（GF-2017-0201）的通用条款第10.7条暂估价相关约定。

（2）依据《中华人民共和国民法典》第五百一十条规定："合同生效后，当事人就质量、价款或者报酬、履行地点等内容没有约定或者约定不明确的，可以协议补充；不能达成补充协议的，按照合同相关条款或者交易习惯确定。"

（3）依据《建设工程工程量清单计价规范》（GB 50500—2013）第9.9.4条第3

款："应以专业工程发包中标价为依据取代专业工程暂估价，调整合同价款。"

《建设工程工程量清单计价规范》（GB 50500—2013）条文说明第 6.2.8 条："实行工程量清单招标，投标人的投标总价应当与组成工程量清单的分部分项工程费、措施项目费、其他项目费和规费、税金的合计金额一致，即投标人在投标报价时，不能进行投标总价优惠（或降价、让利），投标人对招标人的任何优惠（或降价、让利）均应反映在相应清单项目的综合单价中。"

（4）依据《2013 建设工程计价计量规范辅导》（中国计划出版社）第 69 页中对《建设工程工程量清单计价规范》（GB 50500—2013）第 9.9.2 条条文的要点说明："暂估材料或工程设备的单价确定后，在综合单价中只应取代原暂估单价，不应再在综合单价中涉及企业管理费或利润等其他费用的变动。"

（5）可借鉴《建设工程工程量清单计价标准》（GB/T 50500—2024）第 8.4.1 条："工程量清单中给定暂估价的材料和（或）暂估价的专业工程属于依法必须招标的，应以招标确定的材料税前价格和（或）含税专业分包工程价格取代暂估价，调整合同价格。"

案例 4：未按计算规范列项，已含在其他清单的项目特征中，可视为漏项吗？

1. 事实阐述

某学校项目，外墙钢龙骨未单独列清单项，而在外墙石材清单项中却有"钢龙骨安装"的项目特征描述，承包人投标时钢龙骨未报价。招投标时，发包人已下发施工图纸，但未提供详细的龙骨规格。施工过程中，承包人优化图纸，细化了钢龙骨和挂件的规格尺寸。在结算时，承包人以未报价钢龙骨费用为由，要求增加相关费用。

2. 造价争议

【承包人立场】

在投标报价时，施工图纸设计尚未完善，报价清单中未充分考虑相关项目。虽然清单中有所描述，但仅为通用范本性质，未对规格尺寸进行详细说明。清单仅列出"钢龙骨安装"五字，未明确具体做法。根据清单计价规范，钢骨架和石材墙面为两个不同清单项，故应按漏项处理。

【发包人立场】

施工图纸已在投标阶段发放，承包人应自行考虑钢龙骨制作安装费用，不得以清单描述不详尽为由增加费用。图纸优化是为施工进行的细化，不应作为增加费用的依据。清单描述与施工图纸做法不完全一致属正常情况，若清单能详尽描述，则无须提供图纸。

3. 案例解析

根据清单计价规范，当清单项目特征描述与实际情况不符时，应当调整合同价格。发包人应对清单的完整性承担责任，可视此争议为发包人列项错误所导致的主要争议。清单项目特征描述中注明的"钢龙骨安装"五字只能认定为项目特征中的安装方式，并不能对应龙骨的价格。从公平原则出发，发包人的责任导致承包人实际损失，不应将风险转嫁给承包人。

外墙石材施工方法包括直接挂贴和在龙骨上挂贴两种，因此清单中分成了挂外墙石材直接挂贴和龙骨挂贴两项，清单为挂贴和龙骨两个子目。可参考天津市建筑标准设计图集《外装修》（12J6）中的干挂毛面花岗石勒脚和干挂石材幕墙，以及国标图集《建筑幕墙》（03J103-7）中的标准连接式节点详图。直接挂贴无需龙骨，成本较低；而龙骨挂贴的石材墙面与幕墙所用龙骨存在较大差异。考虑到本项目为学校工程，外墙石材不适合石材幕墙大龙骨挑出的施工法，承包人未将龙骨挂贴方式纳入属于合理情况。

4. 相关依据

可从清单计价规范、计算规则、标准图集及外墙石材市场价格中寻求依据，以分析承包人报价行为的真实性，客观分析此争议的合理性。相关依据如下。

（1）依据《建设工程工程量清单计价规范》（GB 50500—2013）中的第 9.4.1 条："发包人在招标工程量清单中对项目特征的描述，应被认为是准确的和全面的，并且与实际施工要求相符合。承包人应按照发包人提供的招标工程量清单，根据项目特征描述的内容及有关要求实施合同工程，直到项目被改变为止。"从此条规定中可以看出项目特征的描述责任。

（2）依据《房屋建筑与装饰工程工程量计算规范》（GB 50854—2013）中的表 M.4 墙面块料面层，清单项目编码 011204001 石材墙面，项目特征描述规定："1. 墙体类型；2. 安装方式；3. 面层材料品种、规格、颜色；……"清单项目编码 011204004 干挂石材钢骨架，项目特征描述规定："1. 骨架种类、规格；2. 防锈漆品种遍数。"从此条规定中可以看出清单子目列项与描述的细节。

（3）依据天津市建筑标准设计图集《外装修》（12J6）中干挂毛面花岗石勒脚（第 3 页）和干挂石材幕墙（第 82 页），以及国标图集《建筑幕墙》（03J103-2～7）中标准连接式节点详图（第 4 页）。从标准图集中可以看出钢龙骨的差异性。

（4）依据本项目的报价清单和合同可参考外墙石材的市场价格，以评估承包人投入成本的实际情况。

（5）可借鉴《房屋建筑与装饰工程工程量计算标准》（GB/T 50854—2024）中的表 M.3 墙、柱面块料面层，清单项目编码 011203001 石材墙、柱面，项目特征描述规定："1. 基层类型、部位；2. 安装方式；3. 骨架材料种类、规格；4. 面层材料品种、规格；5. 缝宽、勾缝材料种类；6. 防护材料种类；7. 面层处理方式。"计算标准已经将面料及龙骨合并为一个清单子目，这也符合多数编制者的操作习惯。

案例 5：清单中项目特征描述土方外运自行考虑，是否包括变更风险？

1. 事实阐述

某项目土方工程清单中，清单项目特征描述要求承包方自行考虑土方外运的运距。现场约 20000m³ 的土方需要外运，报价中显示运距为 5km。然而，城管部门下发渣土外运管理要求文件，导致弃土场地更换，运距变更为 20km，双方已确认并办理了签证单。承包人申请增加 10 元/m^3 的费用，但发包人不予同意，双方因此产生争议。

2. 造价争议

【承包人立场】

清单描述未明确运距，招标方应负责确保清单准确性。以城管部门出具的管理要求文件，以及经双方签字盖章的工程签证单作为依据，据实结算。该项目属于工程变更范畴，运距从 5km 增加至 20km 的费用应由发包人承担。

【发包人立场】

招标文件中已明确指出弃土处理由承包方负责，故不应增加额外费用。工程签证单仅反映施工现场实际情况，与结算无关。城管部门发布的渣土外运管理规定与本项目结算无关，综合单价中已包含一定范围内的风险费用，应由承包人承担。

3. 案例解析

合同未明确约定土方外运事项，仅在工程量清单描述中注明"承包方自行考虑土方外运的运距"。此描述仅涉及承包人对外运费用的考虑，不应视为涵盖所有相关风险。此外，合同约定不宜仅体现在清单描述中。鉴于合同约定不明确且施工现场已确认事实发生，双方已办理签字盖章的工程签证单，可据此增加相应价款。

施工过程中，非承包人原因出现与合同规定的情况、条件不符的事件，且确需发生费用的施工内容（不包括设计变更的内容），双方达成一致意见办理工程签证，可作为工程结算依据。工程签证与补充协议一样，都是对原合同内容的补充和调整。

4. 相关依据

（1）依据《建设工程工程量清单计价规范》（GB 50500—2013）第 9.4.1 条："发包人在招标工程量清单中对项目特征的描述，应被认为是准确的和全面的，并且与实际施工要求相符合。承包人应按照发包人提供的招标工程量清单，根据项目特征描述的内容及有关要求实施合同工程，直到项目被改变为止。"从此条规定中可以看出项目特征的描述责任。

第 9.4.2 条："承包人应按照发包人提供的设计图纸实施合同工程，若在合同履行期间出现设计图纸（含设计变更）与招标工程量清单任一项目的特征描述不符，且该变化引起该项目工程造价增减变化的，应按照实际施工的项目特征，按本规范第 9.3 节相关条款的规定重新确定相应工程量清单项目的综合单价，并调整合同价款。"

（2）依据《建设工程工程量清单计价规范》（GB 50500—2013）第 9.1.1 条："下列事项（但不限于）发生，发承包双方应当按照合同约定调整合同价款：法律法规变化；工程变更；项目特征不符；工程量清单缺项；工程量偏差；计日工；物价变化；暂估价；不可抗力；提前竣工（赶工补偿）；误期赔偿；索赔；现场签证；暂列金额；发承包双方约定的其他调整事项。"除此以外，不得随意擅自调整合同价款。

案例 6：合同中未明确水泥价格调整事宜，
当发生大幅变化时是否可调整？

1. 事实阐述

在某工程项目中，采用工程量清单计价方式，合同价格形式为单价合同。项目处于竣工结算阶段，因地质条件变化，止水桩工法由单桩单轴改为三轴搅拌桩。施工过程中，受新冠疫情的影响，水泥材料价格波动较大，发承包双方就水泥是否应参与材料调差产生争议。

2. 造价争议

【承包人立场】

水泥作为主要材料，在整个工程的建材使用量中占比较大。施工期间水泥价格的上涨幅度已超出经验丰富的承包人所能预见和规避的风险范围，且因工程变更及发包人在论证过程中产生的工期延误直接导致了水泥价格上涨，故应当调整水泥价差。

【发包人立场】

合同条款明确规定，钢筋、钢材和商品混凝土的用量价差可进行调整，而没有规定水泥的用量价差可进行调整，因此水泥不在调差范围内。因此，承包人无权要求水泥材料的价差调整，且应承担水泥价格波动的风险。

3. 案例解析

虽然合同条款未明确规定水泥材料的价差调整，但鉴于水泥作为主要材料在建设工程中不可或缺的重要性及其价格波动对整体工程造价的影响，承包人提出水泥材料价差调整的要求具有合理性。建议双方遵循合同订立时的真实想法，本着公平合理的原则进行协商。

建筑材料市场价格波动较大，对建设工程造成较大影响，全国多省市发文明确：不得采用无限风险、全部风险规定合同条款中的材料价格风险内容和范围。合同已约定不调整主要材料价格或约定承包人承担无限材料价格风险的，当主要材料的涨跌幅度过大，发承包双方应本着实事求是和公平公正的原则，协商签订主要材料价格调整的补充协议。

双方应本着公平原则进行协商，合理分担风险。可参考政府相关部门发布的指导意见。例如，某些地方规定水泥结算差价 10% 以内由承包人承担，超过 10% 以上部分由发包人承担。

4. 相关依据

（1）依据《建设工程工程量清单计价规范》（GB 50500—2013）第 3.4.1 条："建设工程发承包，必须在招标文件、合同中明确计价中的风险内容及其范围，不得采用无限风险、所有风险或类似语句规定计价中的风险内容及范围。"

《建设工程工程量清单计价规范》（GB 50500—2013）条文说明第3.4.2～3.4.4条规定："根据我国工程建设特点，投标人应完全承担的风险是技术风险和管理风险，如管理费和利润；应有限度承担的是市场风险，如材料价格、施工机械使用费等的风险；应完全不承担的是法律、法规、规章和政策变化的风险。本规范定义的风险是综合单价包含的内容。根据我国目前工程建设的实际情况，各省、自治区、直辖市建设行政主管部门均根据当地人力资源和社会保障行政主管部门的有关规定发布人工成本信息或人工费调整，对此关系职工切身利益的人工费不应纳入风险，材料价格的风险宜控制在5%以内，施工机械使用费的风险可控制在10%以内，超过者予以调整，管理费和利润的风险由投标人全部承担。"

（2）依据《中华人民共和国民法典》第五百三十三条："合同成立后，合同的基础条件发生了当事人在订立合同时无法预见的、不属于商业风险的重大变化，继续履行合同对于当事人一方明显不公平的，受不利影响的当事人可以与对方重新协商；在合理期限内协商不成的，当事人可以请求人民法院或者仲裁机构变更或者解除合同。"

（3）依据《北京市高级人民法院关于审理建设工程施工合同纠纷案件若干疑难问题的解答》（京高法〔2012〕245号）第12条："建设工程施工合同约定工程价款实行固定价结算，在实际履行过程中，钢材、木材、水泥、混凝土等对工程造价影响较大的主要建筑材料价格发生重大变化，超出了正常市场风险的范围，合同对建材价格变动风险负担有约定的，原则上依照其约定处理；没有约定或约定不明，该当事人要求调整工程价款的，可在市场风险范围和幅度之外酌情予以支持；具体数额可以委托鉴定机构参照施工地建设行政主管部门关于处理建材差价问题的意见予以确定。"

（4）依据《建设工程施工合同（示范文本）》（GF-2017-0201）第11.1条对于市场价格波动引起的调整：第1种方式，采用价格指数进行价格调整；第2种方式，采用造价信息进行价格调整；第3种方式，专用合同条款约定的其他方式进行价格调整。

（5）依据《关于进一步加强建设工程人材机市场价格波动风险防控的指导意见》（沪建市管〔2021〕36号）第五条第二款："合同对风险范围和幅度没有约定或约定不明的，由发承包双方协商合理分担风险，并签订补充协议。"第三款："合同约定采用固定价格包干，对市场价格波动不作调整的，当人工、材料、施工机械等要素价格变化构成《中华人民共和国民法典》第五百三十三条规定的情势变更时，双方根据相关规定和实际情况本着诚信、公平的原则，协商签订补充协议，合理分担风险。"

（6）可借鉴《建设工程工程量清单计价标准》（GB/T 50500—2024）中，第3.3.1条："建设工程的施工发承包，应在招标文件、合同中明确计量与计价的风险内容及其范围，不得采用无限风险、所有风险或类似语句约定工程计量与计价中的风险内容及范围。"

案例7：清单项目特征描述为"综合考虑"时，结算单价是否调整？

1. 事实阐述

某项目采用清单计价，项目特征描述为："土方需外运，运距及土方消纳费应综合考虑。"在实际施工过程中，土方被运输至距离施工现场1km内的学校运动场，未产生土方消纳费。因此，发包人与承包人就填报的综合单价是否应当调整产生分歧。项目结算阶段，双方就土方外运的余方处置情况产生争议。

2. 造价争议

▶【承包人立场】

招标清单中项目特征描述为："土方需外运，运距及土方消纳费应综合考虑。"这意味着，即使施工现场实际情况导致弃土场变更，若发包人未在施工期间提出变更综合单价，则应按合同约定执行。综合考虑属于承包人自主风险定价范畴，在工程实体工程量不变的情况下，即使施工组织方案发生变化，也不应调整综合单价。

▶【发包人立场】

投标综合单价分析表中外运距离按 12km 计，土方外运费以 32 元/m³ 进行组价。然而，现场实际运土距离不足 1km，且回填利用了原本需外运的土方，未产生土方消纳费用。因此，土方单价应依据实际情况进行调整。

3. 案例解析

根据现场提供的土方堆放图像证据，可以看出学校运动场位于施工现场，土方余方弃置是在场内进行运输的，并未外运，这与招标工程量清单中项目特征描述的"土方需外运，运距及土方消纳费应综合考虑"不符。当项目特征描述与实际施工内容出现偏差时，应根据实际施工特征重新确定综合单价。场内运输需按清单计价规范中的变更调价原则进行计价，而未实际发生的土方消纳费则不予计算。

清单中提及的"综合考虑"，可能是招标人为简化操作而将未充分考虑的风险因素统一纳入清单内，此做法容易在实际项目中引发类似争议。编制工程量清单应当用词准确规范，因此本项目争议的责任方为发包人。在清单报价分析表中未明确土方消纳费价格时，结算时应按估价最小值从综合单价中扣除。

4. 相关依据

(1) 依据《房屋建筑与装饰工程工程量计算规范》（GB 50854—2013）中，表A.1 土方工程中注解第 6 款："弃、取土运距可以不描述，但应注明由投标人根据施工现场实际情况自行考虑，决定报价。"

(2) 依据《建设工程工程量清单计价规范》（GB 50500—2013）第 9.3.1 条第 2款："已标价工程量清单中没有适用但有类似于变更工程项目的，可在合理范围内参照类似项目的单价。"

第 9.9.1 条："下列事项（但不限于）发生，发承包双方应当按照合同约定调整合同价款：1. 法律法规变化；2. 工程变更；3. 项目特征不符；……"

第 3.4.1 条："建设工程发承包，必须在招标文件、合同中明确计价中的风险内容及其范围，不得采用无限风险、所有风险或类似语句规定计价中的风险内容及范围。"

(3) 可借鉴《房屋建筑与装饰工程工程量计算标准》（GB/T 50854—2024）中表A.3.1 中项目编码为 010103002 的余土弃置项目，单独设立一个清单子目，在工作内容中体现土方装卸、外运、消纳。显然，计算标准与计算规范是有区别的。如果发包人在招标时未在计价标准中列项，可视为漏项。

（4）可借鉴《建设工程工程量清单计价标准》（GB/T 50500—2024）中，第8.9.1条第2款："相同施工条件下实施类似项目特征的清单项目或类似施工条件下实施相同项目特征的清单项目，应采用类似清单项目的合同单价换算调整后的综合单价。"

（5）可借鉴《建设工程工程量清单计价标准》（GB/T 50500—2024）中，第3.3.1条："建设工程的施工发承包，应在招标文件、合同中明确计量与计价的风险内容及其范围，不得采用无限风险、所有风险或类似语句约定工程计量与计价中的风险内容及范围。"

案例8：招标工程量清单出现重复，综合单价价格不同时，结算应如何处理？

1. 事实阐述

某综合楼工程采用单价合同形式，招标清单中存在满堂基础混凝土项目重复列项，如表1-1中第14项和第25项所示。投标人在报价时对相同清单项填报了不同价格，而合同未就相同清单项综合单价不一致的情况作出明确约定。在项目核对的过程中，对于重复项的处理及采用哪一条清单的综合单价为准，产生了争议。

表1-1　分部分项工程清单与计价表（节选）

序号	项目编码	项目名称	项目特征描述	计量单位	工程量	金额/元	
						综合单价	合价
14	010501004001	满堂基础	1. 混凝土种类:预拌； 2. 混凝土强度等级:C35P8； 3. 包含但不限于混凝土制作、运输、浇筑、振捣、养护、泵送等工作内容； 4. 混凝土外加剂结合施工需求综合考虑； 5. 具体详见图纸（包括为满足设计、验收规范规定施工所需的一切工序）	m³	11804.24	538.94	6361777.11
25	010501004001	满堂基础	1. 混凝土种类:预拌； 2. 混凝土强度等级:C35P8； 3. 包含但不限于混凝土制作、运输、浇筑、振捣、养护、泵送等工作内容； 4. 混凝土外加剂结合施工需求综合考虑； 5. 具体详见图纸（包括为满足设计、验收规范规定施工所需的一切工序）	m³	11804.24	510.36	6024411.93

2. 造价争议

【承包人立场】

根据《建设工程工程量清单计价规范》（GB 50500—2013）第4.1.2条，招标工程量清单应作为招标文件的组成部分，其准确性和完整性由招标人负责。招标清单中出现满堂基础的清单重复，由此造成的损失应由发包人承担，不予删减重复列项的费用。

在投标过程中，成本测算采取建筑面积测算方式，并采用总价控制方式分析。建筑专业的总价是通过比较中标价格与成本测算总价，并考虑适当利润后确定填报中标价格。若删减某一项清单，由于该项参与了成本测算，将影响其他项目的综合单价，实质是其他清单项填报价格降低了。

【发包人立场】

本工程为单价合同，根据清单计价规范第8.2.1条规定，工程量应以承包人完成的合同工程实际计量的工程量为准。重复的工程量必须删减，若承包人对同一清单项报价不同，应按较高的综合单价538.94元/m³扣除费用。

承包人采用建筑面积价格进行测算属其企业内部管理行为，与清单计价不同。本项目为单价合同，应按单价合同要求填报综合单价，单价组成方式由承包人自行负责。

3. 案例解析

单价合同中，发包人承担工程量的风险，承包人承担单价的风险。在约定范围内，合同单价不作调整，工程量应以承包人实际完成的应予计量的工程量为准。根据清单计价规范中相关规定，招标工程量清单必须作为招标文件的组成部分，其准确性和完整性应由招标人负责。

从责任角度考虑，发包人编制工程量清单存在过失，承包人填报综合单价亦有疏漏，双方应共同承担责任。两项清单在合同中具有同等效力，属于约定不明确的情形。根据《中华人民共和国民法典》第五百一十一条，价款约定不明确时，依法应当执行政府定价或者政府指导价的，按照规定履行。依据财政部建设部关于印发《建设工程价款结算暂行办法》（财建〔2004〕369号）第十一条相关规定，进行重新协商确定价格。

4. 相关依据

（1）依据《建设工程工程量清单计价规范》（GB 50500—2013）第4.1.2条："招标工程量清单必须作为招标文件的组成部分，其准确性和完整性应由招标人负责。"

第6.2.7条："招标工程量清单与计价表中列明的所有需要填写单价和合价的项目，投标人均应填写且只允许有一个报价。未填写单价和合价的项目，可视为此项费用已包含在已标价工程量清单中其他项目的单价和合价之中。当竣工结算时，此项目不得重新组价予以调整。"

第8.2.1条单价合同的计量："工程量必须以承包人完成合同工程应予计量的工程量确定。"

（2）依据《中华人民共和国民法典》第五百一十条："合同生效后，当事人就质量、价款或者报酬、履行地点等内容没有约定或者约定不明确的，可以协议补充；不能达成补充协议的，按照合同相关条款或者交易习惯确定。"

第五百一十一条："当事人就有关合同内容约定不明确，依据前条规定仍不能确定的，适用下列规定：……（二）价款或者报酬不明确的，按照订立合同时履行地的市场价格履行；依法应当执行政府定价或者政府指导价的，依照规定履行。"

（4）依据财政部建设部关于印发《建设工程价款结算暂行办法》（财建〔2004〕369号）第十一条："工程价款结算应按合同约定办理，合同未作约定或约定不明的，发、承包双方应依照下列规定与文件协商处理：……（二）国务院建设行政主管部门，省、自治区、直辖市或有关部门发布的工程造价计价标准、计价办法等有关规定……"

（5）可借鉴《建设工程工程量清单计价标准》（GB/T 50500—2024）中，第3.1.8条："采用单价合同的工程，分部分项工程项目清单的准确性、完整性应由发包人负责；采用总价合同的工程，已标价分部分项工程项目清单的准确性、完整性应由承包人负责。建设工程无论是采用单价合同或总价合同，按项编制的措施项目清单的完整性及准确性均应由承包人负责。"

（6）可借鉴《建设工程工程量清单计价标准》（GB/T 50500—2024）中，第6.1.9条："采用单价合同的工程，投标人应按要求完整填报工程量清单中所有清单项目的综合单价及其合价和（或）总价计价项目的价格，且每个清单项目应只填报一个报价，未按要求填报（漏填或未填）综合单价及其合价和（或）清单项目价格的，宜按本标准第3.5.4条的规定完成相关的投标报价澄清或说明，相关清单项目报价可视为已包含在投标总价中。"

案例9：屋面水泥瓦为甲方供应材料，其中消耗量和损耗量差距由谁负责？

1. 事实阐述

某住宅项目屋面施工中，屋面水泥瓦材料尺寸为420mm×330mm，为甲方供应材料。招标时发包人定价40元/m²，工程结算时发包人扣除承包人领用材料款。然而，发现供货单数量与结算工程量相差36%，屋面面积20500m²，因材料损耗率导致可能亏损31万元。

材料人员签字确认的是运输到现场的工程量，每箱20片，每片420mm×330mm，计算得每箱为2.77m²。分包人指出水泥瓦铺设时需要搭接，发现损耗率差距是由水泥瓦铺设搭接造成的。每块瓦需要搭接1/3长度，损耗量达33%。分包人认为施工损耗仅应计算3%，低于分包合同约定的5%损耗率，因此不应承担责任。

承包人了解工程量差距后，要求发包人调整综合单价。因为综合单价报价为95元/m²，其中劳务分包价格50元/m²，材料价格40元/m²，而33%的工程量差距未考虑在报价中。发包人拒绝调整综合单价，认为施工包括损耗率不应调整。由此，双方产生争议。

2. 造价争议

🔖【承包人立场】

在正常情况下，水泥瓦损耗率为5％，而实际施工中由于水泥瓦铺设需要搭接，造成的损耗率高达33％，远远超出了合同约定。这种巨大差异不属于承包人可以预见和控制的范围，应当视为工程变更。甲方指定材料定价表中40元/m²也并未注明是按供应量计算还是按设计图示面积计算，所造成的损失应由发包人承担。

在招标和签订合同时，发包人在合同中未明确说明水泥瓦铺设需要大幅搭接，也未提供相应的铺设图纸。这导致承包人在报价时无法准确估算材料用量，属于发包人对材料用量判断失误。

从成本角度考虑，实际成本95元/m²的综合单价中，材料成本原本为40元/m²，占比42％。若考虑33％的损耗，材料成本将上升至53.2元/m²，占比达到56％。加上劳务分包价格50元/m²，组成的价格远超原定成本，这种成本结构的重大变化严重影响了承包人的合理利润，有悖公平原则。

👥【发包人立场】

施工图纸中已明确工程做法，参考工程图集中的瓦屋面搭接长度可计算出水泥瓦的用量。这属于承包人经验不足导致的报价失误，应由承包人承担责任。

在投标报价时，材料消耗量应由承包人考虑。材料定价表中40元/m²的价格已包含材料消耗，无须再额外描述。供应材料价格应按实际供应数量计算，并根据材料人员签字确认的工程量进行结算。

3. 案例解析

作为经验丰富的专业承包人，有责任在投标前充分了解工程特点和施工要求，包括材料损耗率。承包人在签订合同时未就水泥瓦铺设方式和损耗率问题与发包人进行充分沟通和确认，存在一定过失。承包人在报价时应考虑瓦屋面的材料消耗，这主要反映了报价人经验不足，未能充分考虑屋面水泥瓦的搭接消耗量。

承包人提出发包人应在甲方指定材料定价表中注明"按设计图示面积计算"的说法是不恰当的。按照行业惯例，这种描述并非必要。例如，混凝土作为甲方指定材料，通常也不会特别注明按图示工程量计算。

承包人在投标报价时应当充分研究施工图纸，考虑材料搭接，有针对性地分析报价价格。此案例中的情况，属于承包人的专业知识不足造成的损失，不应再调整综合单价。

4. 相关依据

（1）依据《建设工程工程量清单计价规范》（GB 50500—2013）第2.0.8条对术语"综合单价"的定义："完成一个规定清单项目所需的人工费、材料和工程设备费、施工机具使用费和企业管理费、利润以及一定范围内的风险费用。"

第3.2.1条："发包人提供的材料和工程设备（以下简称甲供材料）应在招标文件中按照本规范附录L.1的规定填写《发包人提供材料和工程设备一览表》，写明甲供材料的名称、规格、数量、单价，交货方式、交货地点等。"

第3.2.4条"发承包双方对甲供材料的数量发生争议不能达成一致的，应按照相关工程的计价定额同类项目规定的材料消耗量计算。"

（2）依据《中华人民共和国招标投标法》第三十三条规定："投标人不得以低于成本的报价竞标，也不得以他人名义投标或者以其他方式弄虚作假，骗取中标。"

（3）依据《房屋建筑与装饰工程工程量计算规范》（GB 50854—2013）中的表J.1 瓦、型材及其他屋面，清单项目编码 010901001 瓦屋面，工程量计算规则："按设计图示尺寸以斜面积计算。不扣除房上烟囱、风帽底座、风道、小气窗、斜沟等所占面积。小气窗的出檐部分不增加面积。"

（4）可借鉴《房屋建筑与装饰工程工程量计算标准》（GB/T 50854—2024）中的表J.1 屋面，清单项目编码 010901001 瓦屋面，项目特征："1. 瓦品种、规格；2. 铺设及搭接方式；3. 卧瓦层砂浆种类及厚度；4. 持钉层材料种类及厚度；5. 顺水条、挂瓦条品种及规格。"计算标准中需要描述铺设及搭接方式，这与计算规范有区别，能够规避本案例中的争议。

（5）可借鉴《建设工程工程量清单计价标准》（GB/T 50500—2024）中，第3.6.2 条："发包人应在招标文件中明确发包人提供材料的有效损耗率，其相应有效损耗率可按类似工程同类项目材料损耗率合理确定，并按本标准附录 G.1 的规定填写表 G.1.1 发包人提供材料一览表，表 G.1.1 中的材料数量应根据招标图纸和相关工程国家及行业工程量计算标准规定计算。"

案例 10：屋面防水卷材的卷边要计入清单工程量内吗？

1. 事实阐述

某学校项目采用清单计价，合同为单价合同。施工图纸中屋面设计为平屋面，女儿墙高度 1.5m，属于上人屋面。招标清单中列有屋面清单，按屋面名称列出，屋面工程量为 12600m²，如表 1-2 所示，但未单独列出防水卷材清单。承包人在报价时，按照发包人招标清单中的屋面工程量填报了防水卷材工程量。结算时，承包人以招标清单描述错误为由，要求调整综合单价。发包人则认为防水卷材的卷边工程量应包含在材料消耗量中，不同意调整综合单价，因此双方产生了争议。

表 1-2　分部分项工程清单与计价表（投标报价）

序号	项目编码	项目名称	项目特征描述	计量单位	工程量	金额/元	
						综合单价	合价
1	010902003001	屋面1	1. 保护层:50mm 厚 C20 细石混凝土内配中 Φ4@100 双向钢筋网片； 2. 隔离层:10mm 厚 1:4 石灰砂浆； 3. 防水层:3mm＋3mm 厚 SBS 防水卷材两道； 4. 找平层:20mm 厚 1:2.5 水泥砂浆； 5. 最薄处 30mm 厚找坡 2%；找坡层:1:8 水泥膨胀珍珠岩； 6. 现浇混凝土屋面板	m²	12600.00	186.23	2346498.00

2. 造价争议

【承包人立场】

招标清单中列出的屋面清单，是按屋面名称，所给出的屋面工程量为 $12600m^2$，没有单独列出防水卷材清单，从项目特征描述中看，属于发包人招标清单描述不清，应按照工程变更处理，调整综合单价。

本项目应按照工程量清单计算规范的要求进行列项。此屋面应分为四个清单项目：刚性屋面、屋面防水卷材、保温隔热屋面和平面砂浆找平层。然而，招标清单中计量单位混乱，且给出的工程量不准确，导致报价出现错误。因此，这一责任应由发包人承担。

【发包人立场】

按施工图纸计算工程量，应以 $12405m^2$ 进行结算。招标时允许工程量计算存在一定误差，单价合同中并未规定必须严格按图纸精确计算工程量，计算中的偏差可在结算时予以纠正。清单中的项目特征描述是根据施工图纸中的做法对应填写的，并未出现划分错误。此外，项目特征描述中明确标注了"SBS防水卷材两道"，并未遗漏任何项目，这意味着承包人在报价时应当考虑到防水卷边的工程量。

3. 案例解析

根据工程量清单计算规范，承包人所述本项目的屋面应分为刚性屋面、屋面防水卷材、保温隔热屋面和平面砂浆找平层四个清单项目是正确的。清单列项错误应由发包人承担责任。招标人为了简化工作，将屋面工程综合列为一个清单项目，导致投标人需要根据招标图纸重新核实工程量，这属于编制错误。对于单价合同，投标人仅对综合单价负责，而工程量由招标人负责。

在这种情况下，编制工程量清单时，应在项目特征描述中明确说明防水卷边工程量，或者注明防水卷边高度，使投标人能直接参考招标清单进行报价。当招标清单与招标图纸不一致时，应按照招标清单项目特征描述进行报价。因此，应当调整综合单价以反映实际工程情况。

综合来看，招标清单编制不规范、描述不准确的责任主要在发包人。发包人作为招标清单的编制主体，有义务确保清单内容准确、完整，能够清晰传达工程内容和要求。由于清单问题导致承包人报价失误，发包人应承担相应责任。承包人在报价时按照发包人提供的清单进行填报，在没有明显过错的情况下，不应因清单问题而遭受损失。

在处理争议时，需要平衡发承包双方的利益。若完全支持承包人调整综合单价的诉求，可能对发包人不公平；若完全不调整，承包人则会因清单问题承担不合理的成本。因此，需要根据实际情况，合理确定解决方案，既要考虑清单编制的失误责任，也要考虑合同履行的公平性。

4. 相关依据

(1) 依据《建设工程工程量清单计价规范》（GB 50500—2013）第 4.1.2 条：

"招标工程量清单必须作为招标文件的组成部分，其准确性和完整性应由招标人负责。"

第9.4.1条："发包人在招标工程量清单中对项目特征的描述，应被认为是准确的和全面的，并且与实际施工要求相符合。承包人应按照发包人提供的招标工程量清单，根据项目特征描述的内容及有关要求实施合同工程，直到项目被改变为止。"

第9.5.1条："合同履行期间，由于招标工程量清单中缺项，新增分部分项工程清单项目的，应按照本规范第9.3.1条的规定确定单价，并调整合同价款。"

（2）依据《房屋建筑与装饰工程工程量计算规范》（GB 50854—2013）中的表J.2屋面防水及其他，清单项目编码010902001屋面卷材防水，工程量计算规则："按设计图示尺寸以面积计算：1.斜屋顶（不包括平屋顶找坡）按斜面积计算，平屋顶按水平投影面积计算；2.不扣除房上烟囱、风帽底座、风道、屋面小气窗和斜沟所占面积；3.屋面的女儿墙、伸缩缝和天窗等处的弯起部分，并入屋面工程量内。"

表J.2屋面防水及其他，注解第3条："屋面防水搭接及附加层用量不另行计算，在综合单价中考虑。"

表J.2屋面防水及其他，清单项目编码010902003屋面刚性层，工程量计算规则："按设计图示尺寸以面积计算。不扣除房上烟囱、风帽底座、风道等所占面积。"

表L.1整体面层及找平层，清单项目编码011101006平面砂浆找平层，工程量计算规则："按设计图示尺寸以面积计算。"

表K.1保温、隔热，清单项目编码011001001保温隔热屋面，工程量计算规则："按设计图示尺寸以面积计算。扣除面积 > 0.3m² 孔洞及占位面积。"

（3）可借鉴《房屋建筑与装饰工程工程量计算标准》（GB/T 50854—2024）中的表J.2.1屋面防水及其他，计算标准中取消了注解说明。清单项目编码010902004屋面刚性层，项目特征需要描述刚性层材料种类和作用，这是与计算规范的区别。但是计算标准中的清单列项与本案例中所涉及的列项方法没有变化。

（4）可借鉴《建设工程工程量清单计价标准》（GB/T 50500—2024）中，第3.1.8条："采用单价合同的工程，分部分项工程项目清单的准确性、完整性应由发包人负责；采用总价合同的工程，已标价分部分项工程项目清单的准确性、完整性应由承包人负责。建设工程无论是采用单价合同或总价合同，按项编制的措施项目清单的完整性及准确性均应由承包人负责。"

案例11：挖土时卖掉的黄土所得款项应归承包人还是发包人？

1. 事实阐述

天津滨海新区某建设项目中，承包人将土方开挖工作分包给土方队伍，分包人将基础开挖出的土方出售。发包人要求在工程款中扣除土方出售的款项，双方因此产生争议。

2. 造价争议

【承包人立场】

施工过程中，土方开挖工作在规定范围内完成，未对发包人造成损失。土方外运费用未纳入结算，实际上为发包人带来了额外收益。这表明发包人在项目执行中获得了经济优势，因无需承担土方外运费用而降低了总体成本。因此，不应再扣除土方出售所得款项。

【发包人立场】

发包人说："我要求你按照图纸为我建造楼房，并没有指示你出售我的土方。"发包人的任务是让承包人将土方从这里挖走，运到另一个地方，然后再从另一个地方运回来，填到基坑里。在招标时，已经将此部分费用考虑在内，并列入报价表中。多余的土方可以自行处理，没有表明要出售的意思。

3. 案例解析

承包人虽然拥有进行施工的权利，但必须严格遵守合同约定，不得借助施工之便侵占发包人的工程剩余价值。土地是由发包人出资购买的，其使用权理应归属于发包人，因此所有与土方相关的管理和决策权也应由发包人负责。承包人在施工过程中，应与发包人保持良好的沟通与协作，确保工程顺利进行，并尊重发包人对土地和工程剩余价值的合法权益。

如果合同中没有明确约定土方运费，可以根据相关规范判断。如果合同中写明"承包人报价已综合考虑土方运输问题，弃土自行处置"，渣土消纳处置费用由承包人负责，出售土方并非合同约定，承包人不能以未计取土方外运费为由，主张出售土方的款项为其所有。

土地及其附着物（包括黄土）的所有权属于发包人。承包人只是受雇进行施工作业，并不拥有土地及其资源的所有权。承包人的工作范围是按合同约定进行施工，而非买卖土地资源。出售黄土获得的收益不属于承包人的合同权益。从工程造价管理角度看，土方开挖工作已包含在承包人的综合单价中，承包人不应再从土方销售中获得额外收益。如果承包人擅自出售挖掘的土方获利，可能构成非法占有发包人资产的行为。

根据矿产资源法，工程施工中挖出的土不能擅自买卖，非法销售款项应属于国家。经过批准的工程建设项目产生的砂石土，不需要办理采矿登记，但需要编制土石料利用方案，并经县级自然资源主管部门审核，市级自然资源主管部门同意后才能实施。这些砂石土除项目自用外，多余的部分由县级以上地方政府通过公共资源交易平台进行处置，项目单位和个人不能私自对外销售或变相销售。

从矿产资源法角度考虑，如果建设单位将多余的砂石土方等材料出售或转让给其他单位或个人，属于违法行为；施工单位的使用权受到建设单位的委托和合同约定的限制。施工单位必须按照工程设计和施工方案的要求，合理使用这些材料，不得擅自改变其用途或进行非法处置。

4. 相关依据

(1) 依据《深圳市土石方工程管理办法》(深府〔1999〕5号) 第五条:"土地使用权人应当按照土地使用权出让合同的规定和城市规划的要求开发、利用土地,必须采取措施保护其使用范围内的水土资源,并负责治理人为活动造成的水土流失。"土地是出让给发包人的,应由发包人负责安排土方的外运和堆放。

(2) 依据《郑州市城乡建设局关于调整郑州市建筑工程弃土外运计价依据的通知》(郑建文〔2020〕209号):"土方消纳费应计入工程造价;控制价编制时应计取土方消纳费,区政府有指导价的按政府指导价执行,无政府指导价的暂按18元/m³计入税前造价;结算时土方消纳费发承包双方协商计取。"

(3) 依据宁波市建设工程造价管理协会《关于明确宁波市中心城区建筑渣土处置费作为非竞争性费用列入工程造价等有关计价问题的通知》(甬建价〔2019〕1号)文件:"建筑土方工程造价包括土方开挖和建筑渣土运输、处置等费用。土方开挖费用应套用现行各专业工程预算定额子目进行计价;合法运输处置在宁波市中心城区内产生的建筑渣土(建筑余土和泥浆)运输费、处置费,可参考甬价费〔2018〕60号文公布的市场信息参考价进行计价,其费用仅计取税金,不得作为其余施工取费费用的计费基数。建筑土方的挖、运、处置等费用应在工程造价计价中分别单独列项。其中建筑渣土处置费不得作为竞争性费用,工程招投标时不得浮动。"

(4) 依据《中华人民共和国矿产资源法》第四条:"矿产资源属于国家所有,由国务院代表国家行使矿产资源的所有权。地表或者地下的矿产资源的国家所有权,不因其所依附的土地的所有权或者使用权的不同而改变。各级人民政府应当加强矿产资源保护工作。禁止任何单位和个人以任何手段侵占或者破坏矿产资源。"

案例 12:在招标阶段,发包人强行列出的暂估价是否合规?

1. 事实阐述

在某工业项目招标时,消防工程、发电机成套线路及设备、通风工程、配电柜等事项被纳入暂估价。在施工过程中,承包人发现这些暂估价需要重新启动二次招标,但发包人不允许承包人参与投标,仅要求其作为暂估价的招标人。承包人认为,在投标时可以对所列暂估价进行报价,但招标文件中列出的暂估价事项导致每项价格都显得过高,且利润较高的项目均被列入暂估价,最终造成工程完成后没有利润可得。承包人在结算时提出索赔要求。

2. 造价争议

🗣 【承包人立场】

专业暂估价应包含在总承包施工合同范围内,施工企业可以找到相关的消防和通风工程分包队伍,进行分包应由承包人负责。配电柜的设备暂估价为450万元,实际确定价格为 300 万元，本不需进行二次招标，但实际进行了二次招标，其目的是防止承包人直接对接供应商。

在启动二次招标时，发包人负责招标事务，承包人仅进行确认签字，并未真正参与到对各专业分包人的评估工作中。通风工程进行二次招标时，承包人提供的分包人资质符合招标要求，但发包人否决了该分包人的参与，并未给出理由。在发电机成套线路及设备中，成套线路技术含量低，普通的机电专业分包人就能够完成该任务，因此在招标时应将专业暂估价改为发电机设备暂估价，此项暂估价的划分存在问题。

否定暂估价的理由有两点：第一，不应暂估的部分在招标时也被暂估，导致承包人应有的利润减少；第二，在二次招标时发包人劝阻投标参与，如果承包人自行分包，还需考虑利润。实际情况是，发包人通过二次招标将可参与的分包列为与承包人无关的分包人，从而减少了此部分的利润。因此，为了弥补中标价格中的损失，在结算时提出索赔。

【发包人立场】

在招标时列出的暂估价与承包人的关系不大，且暂估价不应计取利润。即使承包人推荐的分包人中标，中标价格依然是分包人实际承包价格，承包人不能从中抽取利润。

在二次招标时，承包人参与了各个评标环节，安排了项目部的造价人员参与，并有签字记录。在通风工程的二次招标中，承包人提供的分包人已参与报名，但由于选择的分包人多达几十家，未被邀请。

消防工程和通风工程考虑到工业项目的特殊性和各项工艺的复杂性，在一次招标时使用暂估价，以便为寻找专业分包人留出时间。发电机成套线路及设备的专业暂估价是基于设备与成套线路调试工作由两家分包人完成的考虑，专业人员在后期调试中出现问题时，责任划分不明确。配电柜的设备暂估价在当时招标时考虑范围较广，与实际分包价格的差距可视为合理范围，因为没有文件规定确认的价格不能偏离暂估价。

3. 案例解析

根据招标投标法的相关规定，该项目存在规避招标的嫌疑，暂估价超出常规理解，且在投标时能够认定的价格也进行了二次招标，因此需要明确暂估价的真实目的，并了解其依据。

根据清单计价规范的相关规定，承包人主动参与暂估价的投标，但因发包人的劝退，承包人的主动权转为被动，其目的在于减少承包人的参与，抬高暂估价的确认价格。暂估价包含在承包人的中标价格内，材料和设备的暂估价由发承包双方共同选择供应商，专业暂估价则由发承包双方依法组织招标选择专业分包人，因此可以认定发包人有肢解发包的目的。

若发包人强行列出暂估价，以肢解发包、化整为零、招小送大等形式规避招标，这是不合规的。根据国家发展改革委等 13 部门联合印发的《关于严格执行招标投标法规制度进一步规范招标投标主体行为的若干意见》（发改法规规〔2022〕1117 号）要求，不得以设定不合理的暂估价来规避招标。根据《必须招标的工程项目规定》

（国家发展改革委令第16号），以下项目必须招标：施工单项合同估算价在400万元人民币以上；重要设备、材料等货物的采购，单项合同估算价在200万元人民币以上。然而，在司法实践中，为了解决发承包人之间的民事争议，针对通过暂估价形式进行肢解发包的情况，除了根据承包人的诉请追究违约责任外，尚无其他制裁措施。因此，承包人在可能的情况下，应在合同中明确违约责任；若施工合同未作具体约定，承包人只能向发包人主张实际损失及可得利益损失。

4. 相关依据

根据招投标法、清单计价规范及地区发布的监管文件，结合本项目的实际情况，作出综合判断。所需依据如下。

（1）依据《中华人民共和国招标投标法》第四条规定："任何单位和个人不得将依法必须进行招标的项目化整为零或者以其他任何方式规避招标。"

（2）依据国家发展改革委等13部门联合印发的《关于严格执行招标投标法规制度进一步规范招标投标主体行为的若干意见》（发改法规规〔2022〕1117号）。

（3）依据《必须招标的工程项目规定》（国家发展改革委令第16号）第五条。

（4）依据发包人不让承包人参与暂估价投标的相关证据。

（5）依据《建设工程工程量清单计价规范》（GB 50500—2013）第9.9.4条第1款："除合同另有约定外，承包人不参加投标的专业工程发包招标，应由承包人作为招标人，但拟定的招标文件、评标工作、评标结果应报送发包人批准。与组织招标工作有关的费用应当被认为已经包括在承包人的签约合同价（投标总报价）中。"第2款："承包人参加投标的专业工程发包招标，应由发包人作为招标人，与组织招标工作有关的费用由发包人承担。同等条件下，应优先选择承包人中标。"

（6）可借鉴《建设工程工程量清单计价标准》（GB/T 50500—2024）中，第8.4.8条："承包人参加由发包人作为招标人的暂估价专业工程投标并中标的，应按本标准第8.5.3条的规定扣减该专业工程的总承包服务费。"第8.5.3条："若合同履行过程中发生暂估价专业分包工程、发包人直接发包的专业工程取消，或确定由承包人负责完成，或承包人按本标准第8.4.8条的规定中标，或在承包人的合同工程已竣工且撤离现场后进行的，发承包双方应扣除合同总价中计取的相应专业分包工程、直接发包的专业工程的总承包服务费。"

案例13：招标图纸中不明确，中标清单与实际做法不一致时，如何结算？

1. 事实阐述

某项目招标图纸、施工图纸、投标报价不一致引起调价争议。

招标图纸中人行道设置1.5m×0.8m树池，中标清单中树池尺寸为1.25m×1.0m（表1-3）。

树池砌筑投标报价单价分析表（表1-4）中，树池安装价格包含树池施工费用（表1-4中"混凝土树池"），同时包含树池盖的价格（表1-4中"树池盖安装"）。但是，招标图纸中清单表述的是有机覆盖料，并未要求做树池盖。

表 1-3 分部分项工程清单与计价表

序号	项目编码	项目名称	项目特征描述	计量单位	工程量	金额/元 综合单价	金额/元 合价
1	040204007001	树池砌筑	1. 材料品种、规格:混凝土设计树池尺寸:1.25m×1.0m; 2. 树池盖面材料品种:有机覆盖料; 3. 其他满足招标文件、设计图纸、技术标准及相关规范要求组价	个	95	391.29	37172.55

表 1-4 投标报价单价分析表

子目编码	040204007001	子目名称	树池砌筑	计量单位	个	工程量	95

清单综合单价组成明细

子目编号	子目名称	子目单位	数量	单价/元 人工费	单价/元 材料费 材料费	单价/元 材料费 其中:工程设备费	单价/元 机械费	单价/元 企业管理费	单价/元 利润	单价/元 规费	合价/元 人工费	合价/元 材料费 材料费	合价/元 材料费 其中:工程设备费	合价/元 机械费	合价/元 企业管理费	合价/元 利润	合价/元 规费
3-52	混凝土树池	m	5.00	5.52	42.64	0	0.11	2.41	3.04	1.24	27.60	213.20	0	0.55	12.05	15.20	6.20
3-55	树池盖安装	套	1.00	26.50	71.40	0	1.42	4.97	6.26	5.94	26.50	71.40	0	1.42	4.97	6.26	5.94

人工单价	小计										54.10	284.60	0	1.97	17.02	21.46	12.14
综合用工二类 184 元/工日	未计价材料费										0						
清单子目综合单价											391.29						

材料费明细	主要材料名称、规格、型号	单位	数量	单价/元	合价/元	暂估单价/元	暂估合价/元
	其他材料费 占材料费	元	4.21	1	4.21		0
	有机覆盖料树池盖板	套	1.02	68.97	70.35		0
	混凝土树池围牙	m	5.05	41.593	210.04		0
	材料费小计		—		284.60	—	0

在图纸会审记录中,由于招标图纸与施工图纸平面图中设计的树池尺寸为1.25m×1.0m,不属于常规树池尺寸(常规尺寸为1.0m×1.0m、1.25 m×1.25m、1.5m×1.5m),因此将树池尺寸调整为1.0 m×1.0m,间距保持不变。关于树池中的盖料,图纸说明为回填适合植物生长的优质土壤,换填料基础根据设计图纸中的横断面设计标注尺寸。随后,经现场巡察,发包人要求增加树池盖板。

2. 造价争议

【承包人立场】

增加树池盖板并已逐步实施，因此需要重新对树池报价进行组价，增加树池盖板的价格（树池盖面材料有机覆盖料作为填充物，适用预算定额中的盖板与填充物价格）。根据《建设工程工程量清单计价规范》（GB 50500—2013）第 9.4.2 条的规定，应按照实际施工的项目特征重新确定相应工程量清单项目的综合单价，并对清单项的综合单价进行增减处理。

【发包人立场】

在投标报价中，树池盖板的价格已包含在综合单价内，属于不平衡报价，不能再次增加费用。根据计价规范的调整范围，依据《建设工程工程量清单计价规范》（GB 50500—2013）第 9.4.2 条规定，设计图纸（包括设计变更）与招标工程量清单的特征描述不符时，应根据实际施工的项目特征重新确定相应工程量清单项目的综合单价。因此，本项目中需根据树池尺寸由 1.25m×1.0m 变为 1.0m×1.0m 这一情况进行单价调整。

3. 案例解析

此争议以综合单价调整处理较合理。根据新的树池标准，结合施工图和投标报价，重新调整综合单价。

根据《建设工程工程量清单计价规范》（GB 50500—2013）第 9.4.2 条规定，投标报价中的树池尺寸由 1.25m×1.0m 改成 1.0m×1.0m，主材变化和定额应用做相应调整。报价中树池盖板的价格改为 1.0m×1.0m 的价格，主材询价也相应做调减，根据尺寸和盖板做法及投标期间的询价水平做综合调整。

4. 相关依据

（1）依据《建设工程工程量清单计价规范》（GB 50500—2013）第 2.0.17 条工程量偏差术语标准："承包人按照合同工程的图纸（含经发包人批准由承包人提供的图纸）实施，按照现行国家计量规范规定的工程量计算规则计算得到的完成合同工程项目应予计量的工程量与相应的招标工程量清单项目列出的工程量之间出现的量差。"

第 5.2.3 条："分部分项工程和措施项目中的单价项目，应根据拟定的招标文件和招标工程量清单项目中的特征描述及有关要求确定综合单价计算。"

第 9.3.1 条："因工程变更引起已标价工程量清单项目或其工程数量发生变化时，应按照下列规定调整：1. 已标价工程量清单中有适用于变更工程项目的，应采用该项目的单价；但当工程变更导致该清单项目的工程数量发生变化，且工程量偏差超过 15％时，该项目单价应按照本规范第 9.6.2 条的规定调整；2. 已标价工程量清单中没有适用但有类似于变更工程项目的，可在合理范围内参照类似项目的单价……"

第 9.4.2 条："承包人应按照发包人提供的设计图纸实施合同工程，若在合同履行期间出现设计图纸（含设计变更）与招标工程量清单任一项目的特征描述不符，且该变化引起该项目工程造价增减变化的，应按照实际施工的项目特征，按本规范第

9.3 节相关条款的规定重新确定相应工程量清单项目的综合单价，并调整合同价款。"

（2）可借鉴《建设工程工程量清单计价标准》（GB/T 50500—2024）中，第 8.9.1 条第 2 款："相同施工条件下实施类似项目特征的清单项目或类似施工条件下实施相同项目特征的清单项目，应采用类似清单项目的合同单价换算调整后的综合单价。"

案例 14：工程量清单中的风机柔性接口未列项，是否属于漏项？

1. 事实阐述

在招标中采用工程量清单计价，施工过程中已经完成了风机设备的柔性接口（三防布），但投标报价分析表中没有包含柔性接口的组价，项目特征描述中也未提及此做法。在竣工结算时，承包人认为这是漏项，而发包人则认为不是漏项。

2. 造价争议

【承包人立场】

所填报的价格未包含风机设备的柔性接口，施工图纸中已显示此项内容，应增加清单，属于清单漏项，需重新组价。柔性接口的工作已完成，应按实际结算。工程量计算规范未显示此项内容，应补充清单子目。

【发包人立场】

柔性接口已包含在风机设备的工程量清单综合单价中，未报价属于承包人的责任，不应另行补充清单子目。设备安装中包括安装柔性接口所需的材料及固定设备用的螺栓，柔性接口属于辅助材料，不是清单漏项，不得补充清单子目。

3. 案例解析

是否属于漏项需要查看清单计价规范。若设计图纸明确要求采用柔性接口，现场也施工完成，风机设备的柔性接口作为一个单独的构件，工程量清单未列项、未描述，则发包人承担漏项责任。可依据清单计算规范相应的清单子目进行分析确定。

4. 相关依据

（1）依据《通用安装工程工程量计算规范》（GB 50856—2013）A.8 节的规定，风机安装的清单项目编码表中并未明确要求描述柔性接口的形式。然而，在第 102 页 G.3 节中，清单编码为 030703019 的项目名称是柔性接口。因此，应将其单独列为清单项目，并重新进行组价。

（2）可借鉴《通用安装工程工程量计算标准》（GB/T 50856—2024）A.8 节的规定，清单编码为 030108001 风机，与计算规范区别是减少了风机种类，但仍旧是仅包括设备的安装。表 G.3.1 通风管道制作安装，清单编码为 030703019 的项目名称是柔性软风管，按设计图示尺寸以展开面积计算，单独列项，此处与计算规范相同。

第二节 投标人责任争议

案例 15：如何破解挖填土方清单中约定的"霸王条款"？

1. 事实阐述

对于房建项目中的非标准清单工程，土方工程按 12 元/m³ 报价，且报价中约定包含地下障碍物清除费和渣土弃置费。现场开挖过程中发现生活垃圾和建筑废渣，施工单位要求签证相关费用，提出增加 10 元/m³。是否可以计取该费用？

2. 造价争议

【承包人立场】

根据法律法规规定，发包人在投标时未提供地质勘察报告，导致报价偏差较大，应当签证补偿。

依据《建设工程施工合同（示范文本）》（GF-2017-0201）的通用条款第 2.4.3 条："发包人应当在移交施工现场前向承包人提供施工现场及工程施工所必需的毗邻区域内供水、排水、供电、供气、供热、通信、广播电视等地下管线资料，气象和水文观测资料，地质勘察资料，相邻建筑物、构筑物和地下工程等有关基础资料，并对所提供资料的真实性、准确性和完整性负责……"此内容中"有关基础资料"包括地下土方的情况。

【发包人立场】

合同清单中约定了"渣土弃置"项目，表明报价已包含部分渣土处理费用，符合清单描述，故不应再增加价格。地质勘察报告主要反映地基承载力情况，与土方开挖无直接关联，不能准确反映地表土情况，因此可排除该文件的适用性。《建设工程施工合同（示范文本）》（GF-2017-0201）中所述的是地下障碍物的提前告知义务，并未涉及土方硬度种类变化的告知要求。

3. 案例解析

发包人的回应合理，而承包人未能把握争议焦点，其诉求可予以否定。从公平角度考虑，房地产项目遵循自主定价原则，报价后需进行清标，对不合理价格进行议价。本项目此部分价格明显偏低，包含挖渣土风险在内，价格不合理，发包人亦应承担部分责任。开挖发现的生活垃圾是否属于地下障碍物和渣土的范畴，合同并未明确，考虑到生活垃圾的弃置不同于渣土，建议根据实际情况办理签证计算此部分费用。

4. 相关依据

（1）施工合同中双方约定的报价说明条款内容。

（2）土方挖运的市场交易价格。

（3）生活垃圾和建筑废渣占土方工程量的总体比例。

（4）依据《建设工程施工合同（示范文本）》（GF-2017-0201）的通用条款第7.6条："……承包人遇到不利物质条件时，应采取克服不利物质条件的合理措施继续施工，并及时通知发包人和监理人。通知应载明不利物质条件的内容以及承包人认为不可预见的理由。监理人经发包人同意后应当及时发出指示，指示构成变更的，按第10条〔变更〕约定执行……"

（5）依据《建设工程工程量清单计价规范》（GB 50500—2013）第3.4.1条："建设工程发承包，必须在招标文件、合同中明确计价中的风险内容及其范围，不得采用无限风险、所有风险或类似语句规定计价中的风险内容及范围。"

（6）可借鉴《建设工程工程量清单计价标准》（GB/T 50500—2024）中，第3.3.1条："建设工程的施工发承包，应在招标文件、合同中明确计量与计价的风险内容及其范围，不得采用无限风险、所有风险或类似语句约定工程计量与计价中的风险内容及范围。"

案例16：土方场外转运费是包含在清单中还是另行计取？

1. 事实阐述

在某新建学校项目中，采用工程量清单计价方式，合同价格形式为单价合同。该项目包含多栋单体建筑，包括教学楼、宿舍、食堂和操场，目前正处于竣工结算阶段。在土方施工过程中，开挖的土方需要运至单体施工范围外的场地堆放，双方就开挖土方的转运费用产生了争议。

2. 造价争议

🖹【承包人立场】

首先，工程量清单中提到的场内运输仅限于单体建筑红线范围内。其次，由于缺乏足够的土方堆放场地，需要额外转运以处理超出单体建筑红线范围的土方。根据合同示范文本相关条款，承包人有权要求发包人补偿因特殊情况而产生的额外费用。最后，合同条款并未明确涵盖红线外的运输，因此应另行计算费用。

👥【发包人立场】

招标工程量清单中已明确挖土方和回填土方的综合单价，已考虑土方的场内运输和转运，且项目实际的所有土方均在校区范围内消纳，因此额外的转运费用应由承包人承担。

3. 案例解析

解决此争议的关键在于准确解释合同条款和工程量清单。首先，应明确"场内运输"的具体范围，即是否仅限于单体建筑红线内。若合同或工程量清单未明确规定，可能需依据行业惯例或双方协商确定。其次，对于因特殊情况（如缺乏堆放场地）而产生的额外费用，应依据合同条款和相关法律法规进行判断。若合同条款未涵盖这部分费用，且承包人能证明已采取合理措施降低费用，则有权要求额外补偿。

土方转运情况可以按现场签证处理，以实际发生的费用进行结算。发包人描述的所有土方均在校区范围内消纳，已经有足够的堆土场地，承包人不应再计算土方转运费。

预算定额已包含运输距离，但场外土方堆放场地由发包人提供。根据常规项目交易惯例，若发包人在招标时考虑场外土方堆放场地，应在招标清单项目特征中予以描述，在工程量清单计算规范的工作内容中需说明运输情况。

4. 相关依据

（1）依据《房屋建筑与装饰工程工程量计算规范》（GB 50854—2013）中的表A.1 土方工程，清单项目编码010101002挖一般土方，工作内容："1. 挖地表水；2. 土方开挖；3. 围护（挡土板）及拆除；4. 基底钎探；5. 运输。"表中注解第6款："弃、取土运距可以不描述，但应注明由投标人根据施工现场实际情况自行考虑，决定报价。"

（2）可借鉴《房屋建筑与装饰工程工程量计算标准》（GB/T 50854—2024）中表A.3.1平整场地及其他，清单编码为010103002余土弃置，单独设立一个清单子目，在工作内容中描述有装卸、外运、消纳，显然与计算规范有区别，计价标准中如果发包人在招标时未列项，可视为漏项。

案例 17：场地内的障碍物清除是否属于总价包干风险范围？

1. 事实阐述

在某技术学院的扩建工程中，采用工程量清单计价方式，合同价格形式为总价合同。施工过程中，承包人发现施工区域内存在多种障碍物，包括混凝土、路面、建筑物、基础承台桩、化粪池、挡土墙、给水管及榕树等，需进行清除、外运或迁改。这些障碍物的存在导致承包人与发包人在计价问题上产生争议。

2. 造价争议

【承包人立场】

发包人提供的资料和图纸未包含障碍物的明确信息，且在招标阶段未提供地质勘查资料，亦未组织现场踏勘，致使承包人在施工过程中面临不可预见的风险。鉴于基础资料的缺失，施工过程中出现的障碍物应予以重新计价，以反映实际施工成本。发包人应承担相应责任，因其有义务提供准确、完整的施工图纸和地质勘察资料，使承包人能够准确评估施工成本和风险。

【发包人立场】

合同价格为总价，承包人应充分理解和把握施工图及相关资料内容，所含工作内容应按中标价包干。承包人在未获得详细地质勘查资料情况下，应自行承担可能产生的额外费用，并根据总价包干原则，对潜在风险有充分预见和准备。

3. 案例解析

承包人面临的信息不对称和潜在风险不容忽视。发包人未提供必要的地质勘察资料及相关基础资料，已影响承包人的合理预期。根据清单计价规范相关规定，建设工程的发包人应在招标文件和合同中明确计价中的风险内容及范围，合同不应采用无限风险表述。因此，承包人要求重新计价合理。

地面下的混凝土、路面、建筑物、基础承台桩、化粪池、挡土墙、给水管等是承包人不可预见的，报价中未考虑此项费用。地面之上的树木清除，应该由发包人处理完成，因为发包人提供的场地要平整，并且无施工障碍物，否则视作未达到合同示范文本中规定的三通一平要求。

4. 相关依据

依据《建设工程施工合同（示范文本）》（GF-2017-0201）的通用条款第 2.4.2 条第 3 款中相关规定："协调处理施工现场周围地下管线和邻近建筑物、构筑物、古树名木的保护工作，并承担相关费用。"发包人应提供施工现场的施工条件情况和基础资料。

第 7.6 条："不利物质条件是指有经验的承包人在施工现场遇到的不可预见的自然物质条件、非自然的物质障碍和污染物，包括地表以下物质条件和水文条件以及专用合同条款约定的其他情形，但不包括气候条件。承包人遇到不利物质条件时，应采取克服不利物质条件的合理措施继续施工，并及时通知发包人和监理人。通知应载明不利物质条件的内容以及承包人认为不可预见的理由。监理人经发包人同意后应当及时发出指示，指示构成变更的，按第 10 条〔变更〕约定执行……"

案例 18：招标阶段与施工阶段的施工方案不一致，应如何结算？

1. 事实阐述

某项目在报价清单中套用静压管桩施工的预算定额，技术标中也描述了静压管桩的施工方法。项目开工后，承包人采用锤击方式进行管桩施工，并在专项施工方案中编写了锤击方式管桩施工的内容。结算时，发包人以未采用静压管桩施工为由，从清单中扣除静压管桩施工费用，并建议增加锤击方式管桩施工费用。承包人考虑到可能减少 200 万元费用，不同意此种调整方式，双方因此产生争议。

2. 造价争议

【承包人立场】

施工方法的选择权归属于承包人，鉴于工程已完工并通过验收，发包人不应过度干预。投标文件已符合招标要求，静压管桩施工方案在中标前已获双方认可。施工过程中的变更已经监理工程师和发包人在专项施工方案中审批同意。实际采用的锤击式管桩施工方法更具经济性和合理性，由此节省的费用不应归于发包人。因此，该项费用不应调整。

👥【发包人立场】

承包人未按投标文件承诺的静压管桩施工方法施工，在施工过程中进行变更，应按工程变更确认结算价款。按实际施工方法结算较为合理，因专项施工方案的审批代表双方认可。在承包人未增加投入的情况下，采用最优施工方案并获得审批通过即确认事实，应按实际情况结算。

3. 案例解析

从《中华人民共和国民法典》的角度分析，投标文件构成要约，中标通知书为承诺。双方就投标文件中的静压管桩施工方法达成一致并签订合同。实际采用锤击式管桩施工方法属于工程变更或违约行为，因此需调整结算。

本项目的工程变更属于施工工艺的变更，符合清单计价规范中对工程变更的定义，即施工工艺、顺序或时间的改变。工程变更不仅包括实体项的变更，还包括措施项的变更。根据规范，凡是清单项的变更都应调整综合单价。

4. 相关依据

（1）依据《中华人民共和国招标投标法》第二十七条的规定："投标人应当按照招标文件的要求编制投标文件。投标文件应当对招标文件提出的实质性要求和条件作出响应……"

（2）依据《中华人民共和国民法典》第四百八十八条："承诺的内容应当与要约的内容一致。受要约人对要约的内容作出实质性变更的，为新要约。有关合同标的、数量、质量、价款或者报酬、履行期限、履行地点和方式、违约责任和解决争议方法等的变更，是对要约内容的实质性变更。"

（3）依据《建设工程工程量清单计价规范》（GB 50500—2013）第 2.0.16 条工程变更术语标准："合同工程实施过程中由发包人提出或由承包人提出经发包人批准的合同工程任何一项工作的增减、取消或施工工艺、顺序、时间的改变；设计图纸的修改；施工条件的改变；招标工程量清单的错、漏从而引起合同条件的改变或工程量的增减变化。"

案例 19：在 EPC 项目中，桩基长度发生变更
可以增加费用吗？

1. 事实阐述

某 EPC 项目采用清单计价方式，以施工图预算确定合同价格。施工期间，经审定的预应力管桩桩长与实际施工打桩记录存在差异。由于地基条件，实际桩长超出原设计长度，致使双方在结算时就桩长工程量调整问题产生争议。

2. 造价争议

💰【承包人立场】

根据适用的预算定额，桩基础工程的工程量计算规则为"混凝土管桩按桩长度计算，其项目基价不包含空心填充所需的人工和材料"。桩长度应按设计桩的实际长度，即施工图纸中标注的长度计算。若施工图纸发生变更，结算时应采用变更后的工程量。

👥【发包人立场】

本项目为 EPC 项目，勘察设计单位作为项目承包方之一，应对项目的勘察质量承担责任。预应力管桩的变更应由勘察设计单位负责。结算工程量应按预算审定的工程量计算，不应视为工程变更。EPC 项目属于工程总承包，为交钥匙工程，在发包人未要求变更的情况下，不应额外增加费用。

3. 案例解析

本工程设计采用的预应力管桩为端承桩。有效桩长应根据实际施工贯入岩层情况确定，施工图预算中的桩长仅为暂定数量。因此，依据《房屋建筑与装饰工程工程量计算规范》（GB 50854—2013）中的相关规定，结算应按打桩记录的实际入土深度调整工程量。

本项目为 EPC 项目，方案设计审批完成后发包。发包人委托进行可行性研究勘察和初步勘察，承包人负责详细勘察和施工勘察。在审定施工图预算时，初步勘察已由发包人完成，详细勘察由承包人完成，双方均未发现地质勘察资料存在问题，也未对应施工图纸作出变更，导致出现边施工边变更的情况。这属于双方共同过失。

在 EPC 项目中，桩基长度变更是否可以增加费用取决于合同约定和具体情况。通常，如果地质条件变化超出承包方合理预见范围，且合同未明确规定地质风险由承包方承担，则可能允许增加费用。然而，若合同明确约定地质风险由承包方承担，则可能无法获得额外费用补偿。

4. 相关依据

（1）依据《房屋建筑和市政基础设施项目工程总承包管理办法》（建市规〔2019〕12号）第十五条："建设单位承担的风险主要包括：……；不可预见的地质条件造成的工程费用和工期的变化；……"

（2）依据《建设项目工程总承包合同（示范文本）》（GF-2020-0216）的通用合同条件的第 2.3 条："……地质勘察资料，相邻建筑物、构筑物和地下工程等有关基础资料，并根据第 1.12 款［《发包人要求》和基础资料中的错误］承担基础资料错误造成的责任。"

（3）依据《建设项目工程总承包计价规范》（T/CCEAS 001-2022）第 3.3.3 条："……无论承包人发现与否，发包人要求中的下列错误导致承包人增加的费用和（或）延误的工期，由发包人承担，并向承包人支付合理利润。…… 1）发包人要求中或合同中约定由发包人负责的或不可变的数据和资料。"

（4）依据《建设工程工程量清单计价规范》（GB 50500—2013）第 9.1.1 条："下列事项（但不限于）发生，发承包双方应当按照合同约定调整合同价款：法律法规变化；工程变更；项目特征不符；工程量清单缺项；工程量偏差；计日工；物价变化；暂估价；不可抗力；提前竣工（赶工补偿）；误期赔偿；索赔；现场签证；暂列金额；发承包双方约定的其他调整事项。"

案例 20：综合单价中定额套用错误，结算时是否可以进行调整？

1. 事实阐述

某办公楼工程采用单价合同形式，结算时发包人以套用预算定额错误、价格偏离市场等理由调整综合单价。以矩形柱混凝土浇筑为例，正常组价为 643.39 元/m^3（表 1-5），而中标清单中施工单位报价为 1200.12 元/m^3（表 1-6）。承包人拒绝调整，导致双方产生争议。

表 1-5　分部分项工程清单与计价表（正常套用预算定额价格）

序号	项目编码	项目名称	项目特征描述	计量单位	工程量	金额/元	
						综合单价	合价
1	010502001005	矩形柱	1. 混凝土种类：预拌； 2. 混凝土强度等级：C40； 3. 具体详见图纸（包括为满足设计、验收规范规定施工所需的一切工序）	m^3	865.58	643.39	556905.52

表 1-6　分部分项工程清单与计价表（中标清单价格）

序号	项目编码	项目名称	项目特征描述	计量单位	工程量	金额/元	
						综合单价	合价
1	010502001007	矩形柱	1. 混凝土种类：预拌； 2. 混凝土强度等级：C40； 3. 具体详见图纸（包括为满足设计、验收规范规定施工所需的一切工序）	m^3	865.58	1200.12	1038799.87

2. 造价争议

【承包人立场】

合同专用条款第 12.1.1 条约定：除合同第 11.1 条规定的市场价格波动引起的调整外，综合单价不予调整。中标清单中存在多项低价综合单价，若发包人拟调整高价综合单价，则低价综合单价亦应相应调整。

【发包人立场】

某项中标清单的综合单价存在重复套用预算定额、材料价格超出基准期信息价 1

倍等问题，严重偏离市场行情。应按照合同变更估价原则，采用无相同或类似项目的组价方法，且价格不得高于招标控制价×(1-浮动率)。

3. 案例解析

本合同为单价合同。根据《建设工程施工合同（示范文本）》(GF-2017-0201)第12.1条，单价合同是指合同当事人约定以工程量清单及其综合单价进行合同价格计算、调整和确认的建设工程施工合同，在约定范围内合同单价不作调整。合同专用条款第12.1.1条约定：除合同第11.1条规定的市场价格波动引起的调整外，综合单价不作调整。

发包人认为的综合单价组价错误不属于合同约定的可调整范围。对于通过招投标确定综合单价的单价合同，擅自更改综合单价将构成实质性条款的变更。非招投标工程的合同变更需双方协商一致。

4. 相关依据

（1）依据《建设工程施工合同（示范文本）》(GF-2017-0201)第12.1条第1款单价合同："单价合同是指合同当事人约定以工程量清单及其综合单价进行合同价格计算、调整和确认的建设工程施工合同，在约定的范围内合同单价不作调整。合同当事人应在专用合同条款中约定综合单价包含的风险范围和风险费用的计算方法，并约定风险范围以外的合同价格的调整方法，其中因市场价格波动引起的调整按第11.1款〔市场价格波动引起的调整〕约定执行。"

（2）依据《建设工程工程量清单计价规范》(GB 50500—2013)条文说明第2.0.11条关于"单价合同"的术语解释："实行工程量清单计价的工程，一般应采用单价合同方式，即合同中的工程量清单项目综合单价在合同约定的条件内固定不变，超过合同约定条件时，依据合同约定进行调整；工程量清单项目及工程量依据承包人实际完成且应予计量的工程量确定。"

案例 21：工程量清单中材料消耗量调整后，价差调整的工程量该如何计算？

1. 事实阐述

某安置房工程采用单价合同形式。合同专用条款对市场价格波动引起的调整约定如下：钢筋、混凝土调差数量按综合单价分析表中材料消耗量计算（超出定额消耗量部分按预算定额消耗量计算）。承包人投标时将混凝土消耗量调整为0.85，现申请按实际采购数量调差，双方就此产生争议。

2. 造价争议

【承包人立场】

根据《建设工程施工合同（示范文本）》(GF-2017-0201)第11.1条，差价调整应按实际采购数量进行。若按综合单价分析表的消耗量调整低于成本，则违反法律法规规定，不予执行。如实际采购数量超过定额消耗量计算数量，可按定额消耗量计算。

【发包人立场】

合同专用条款明确约定调差数量按综合单价分析表中材料消耗量计算（超出定额消耗量部分按定额消耗量计算）。作为具备一级资质的经验丰富的承包商，承包人应当充分理解该条款含义。投标时发包人未强制承包人调整混凝土消耗量，相关责任应由承包人承担。

3. 案例解析

专用合同条款是对通用合同条款原则性规定的细化、完善、补充、修改或另行约定。根据合同文件的优先解释顺序，应以专用条款的约定为优先。

《中华人民共和国招标投标法》第三十三条规定，投标人不得以低于成本价的报价竞标。低于定额消耗量并不等同于低于企业的个别成本，各企业的管理水平、技术能力与条件存在差异，即使完成相同项目，其个别成本也不尽相同。承包人仅以混凝土消耗量低于定额为由断定整个工程低于成本，理由欠缺充分性。

综上所述，应当按照专用条款的约定执行。

4. 相关依据

（1）依据《中华人民共和国民法典》第四百六十五条："依法成立的合同，受法律保护。依法成立的合同，仅对当事人具有法律约束力，但是法律另有规定的除外。"

（2）依据《中华人民共和国招标投标法》第三十三条规定："投标人不得以低于成本的报价竞标，也不得以他人名义投标或者以其他方式弄虚作假，骗取中标。"

（3）依据《建设工程质量管理条例》（2019年修订）第十条："建设工程发包单位，不得迫使承包方以低于成本的价格竞标，不得任意压缩合理工期。建设单位不得明示或者暗示设计单位或者施工单位违反工程建设强制性标准，降低建设工程质量。"

（4）依据《建设工程施工合同（示范文本）》（GF-2017-0201）第1.5条所述合同文件的优先顺序："组成合同的各项文件应互相解释，互为说明。除专用合同条款另有约定外，解释合同文件的优先顺序如下：（1）合同协议书；（2）中标通知书（如果有）；（3）投标函及其附录（如果有）；（4）专用合同条款及其附件；（5）通用合同条款；（6）技术标准和要求；（7）图纸；（8）已标价工程量清单或预算书；（9）其他合同文件。"

第11.1条市场价格波动引起的调整，第2种方式，采用造价信息进行价格调整："合同履行期间，因人工、材料、工程设备和机械台班价格波动影响合同价格时，人工、机械使用费按照国家或省、自治区、直辖市建设行政管理部门、行业建设管理部门或其授权的工程造价管理机构发布的人工、机械使用费系数进行调整；需要进行价格调整的材料，其单价和采购数量应由发包人审批，发包人确认需调整的材料单价及数量，作为调整合同价格的依据。"

案例 22：在结算时，综合单价内套用定额错误的责任是否由承包人承担？

1. 事实阐述

某项目在报价清单中采用预算定额法进行报价。施工过程中，卫生间地面砖由

300mm×300mm 白色抛光砖变更为 600mm×600mm 灰色抛光砖，仓库地面由 800mm×800mm 灰色抛光砖变更为细石混凝土压光地面。结构图纸中标注的地面为零层板，为 120mm 厚钢筋混凝土现浇板。承包人在投标时误解图纸，认为地面砖下需铺设混凝土垫层，因此在每个地面装修清单项中计入了混凝土垫层。发包人认为结构零层板已在钢筋混凝土清单中计取，定额套用错误的部分应在结算时扣除，但承包人不同意此做法，双方产生争议。

2. 造价争议

【承包人立场】

地面变更发生后，应删除原报价清单，并按变更后的实际情况重新组成单价。未发生变更的清单项目，其综合单价不应调整，因为中标合同为固定单价合同，未变更部分的综合单价不得修改。清单价格的具体组成不在发包人的权限范围内，发包人仅需考虑工程变更后的清单价格。

【发包人立场】

清单中重复计价的项目应在结算时扣除，未实际施工的内容不应计入结算。发生变更时应重新核定单价，即使现场未执行但默认为工程变更，仅因发包人和监理工程师未出具正式变更通知并不意味着变更不存在。因此，结算时对重复计费的清单项目，均应扣除相应的垫层费用。

3. 案例解析

本项目因工程变更而需调整综合单价的情况仅涉及卫生间地面和仓库地面，其他部位未发生工程变更，故不应调整综合单价。卫生间地面仅地面砖的规格和颜色发生变更，依据清单计价原则，应执行已标价工程量清单中类似变更工程项目的做法，仅需在该项清单中替换地面砖的定额子目及调整材料价格。仓库地面由抛光砖变更为细石混凝土压光地面，因施工做法和工艺均发生变化，需重新组价，删除原中标清单的该项单价，可按混凝土压光地面套用预算定额的方式进行结算。

发包人提出的变更应基于施工图纸的实际变化。若原施工图纸未发生变动，仅为纠正中标价中的错误报价而提出变更，此类变更不具有合法性。变更须有正当理由，不得随意开具变更通知单。投标报价定价方法由承包人自主决定，可采用投入成本法或预算定额法编制。中标后，报价中的材料消耗、费用价格构成、利润及材料规格等不得调整。

合同约定了中标时的施工图纸及对应的清单报价，双方认可为固定单价。施工过程中，因施工图纸变更，相应清单价格应随之调整。针对发包人提出的地面装修做法全面变更，不予支持，仅调整图纸变更部分。

4. 相关依据

依据清单固定综合单价的特性，针对本项目中报价不合理的事项，固定综合单价不应调整。按照清单计价中工程变更的规定，进行结算价款调整。

（1）依据《建设工程工程量清单计价规范》（GB 50500—2013）第 9.3.1 条第 2

款："已标价工程量清单中没有适用但有类似于变更工程项目的，可在合理范围内参照类似项目的单价。"第3款："已标价工程量清单中没有适用也没有类似于变更工程项目的，应由承包人根据变更工程资料、计量规则和计价办法、工程造价管理机构发布的信息价格和承包人报价浮动率提出变更工程项目的单价，并应报发包人确认后调整。"

条文说明第2.0.11条关于"单价合同"的术语解释："实行工程量清单计价的工程，一般应采用单价合同方式，即合同中的工程量清单项目综合单价在合同约定的条件内固定不变，超过合同约定条件时，依据合同约定进行调整；工程量清单项目及工程量依据承包人实际完成且应予计量的工程量确定。"

（2）可借鉴《建设工程工程量清单计价标准》（GB/T 50500—2024）中，第8.9.1条第2款："相同施工条件下实施类似项目特征的清单项目或类似施工条件下实施相同项目特征的清单项目，应采用类似清单项目的合同单价换算调整后的综合单价。"

案例23：误将甲供材料计入中标清单内，结算时是否应予扣除？

1. 事实阐述

合同约定电气专业的主要材料配电箱柜、电气管线由甲方供应，采用清单计价方式报价。承包人在投标报价时，未从组成价格中删除配电箱柜主要材料项。进入工程结算阶段后，审核时发现此问题。结算时是否可从清单中扣除配电箱柜主要材料价格？

2. 造价争议

【承包人立场】

这是综合单价合同，投标时经发包人认可后即为固定不变。结算时提出扣除主要材料费用不合理，因为承包人对价格组成负责，发包人无权修改承包人自行组成的价格。例如，若承包人组成的价格偏低，或清单中预算定额子目套用不当，均与发包人无关，发包人亦不会调整增加。

【发包人立场】

招标文件明确规定主材由甲方供应，但承包人在投标文件中仍填写了主要材料价格，未能响应招标要求。此问题本应在招标阶段予以纠正，结算时应扣除主要材料价格。若将甲供材纳入结算，将对其他投标人造成不公平。

3. 案例解析

约定单价合同时，承包人对所填报的综合单价负责。若出现误报或漏报情况，系发包人评标时的失误所致，其后果应由发包人承担。如在审计过程中发现问题，若属招标阶段发包人的失误，责任亦应由发包人承担。

4. 相关依据

依据《建设工程工程量清单计价规范》（GB 50500—2013）第 9.1.1 条相关规定："下列事项（但不限于）发生，发承包双方应当按照合同约定调整合同价款：法律法规变化；工程变更；项目特征不符；工程量清单缺项；工程量偏差；计日工；物价变化；暂估价；不可抗力；提前竣工（赶工补偿）；误期赔偿；索赔；现场签证；暂列金额；发承包双方约定的其他调整事项。"除此以外，不得随意擅自调整合同价款。

案例 24：EPC 项目中招标文件与合同约定条款不一致，以何为结算依据？

1. 事实阐述

某 EPC 项目投标时，招标文件和工程量清单未明确说明是否包含设备费用，但签订的合同中明确规定包含所有专业工程及设备。在此情况下，是否应当增补设备费用？

2. 造价争议

【承包人立场】

投标清单中只有预埋管而没有设备清单，投标价不含设备费用；同时指出初步设计和盖章文件中也不包含设备。因此，承包方认为合同内容与招投标文件不一致，属于基于重大误解订立的合同，相关条款应无效，并主张应该增补设备费用。

【发包人立场】

EPC 项目应包含所有专业工程及设备，合同中需明确写明；中标后 30 天内，承包方应对初步设计进行复核，若未提出异议则不得要求增加费用；同时，在发包人要求未改变的情况下，不构成变更，承包方不应增补设备费用。

3. 案例解析

招标人和中标人应当按照招标文件和投标文件订立合同，不得再订立背离实质性内容的其他协议。然而，本争议源于招标文件和工程量清单的不明确，不属于上述法律规定的情形。可以查阅概算文件是否包含设备费用，如果概算文件和合同总价中均未考虑设备费用，则需要考虑此项费用。若概算文件和合同中已考虑设备费用，而招标过程中的疏忽导致报价偏差，则结算时不应再计取设备费用。可以参考以下依据。

（1）合同约定优先原则。

签订的合同是双方达成的最终协议，对当事人具有法律约束力，应当按照合同约定执行。合同明确规定包含所有专业工程及设备，这一约定优先于其他考虑。

（2）总价合同特性。

EPC 项目通常采用总价合同。除合同约定可以调整的情形外，合同总价一般不予调整。承包人应当承担合同范围内的所有费用，包括但不限于设备费用。

（3）投标责任。

投标人有责任在投标前充分了解项目情况，考虑所有可能的费用。如果投标人对招标文件有疑问，应当在投标前提出异议或要求澄清。

4. 相关依据

（1）依据《建设工程施工合同（示范文本）》（GF-2017-0201）第1.5条："组成合同的各项文件应互相解释，互为说明。除专用合同条款另有约定外，解释合同文件的优先顺序如下：（1）合同协议书；（2）中标通知书（如果有）；（3）投标函及其附录（如果有）；（4）专用合同条款及其附件；（5）通用合同条款；（6）技术标准和要求；（7）图纸；（8）已标价工程量清单或预算书；（9）其他合同文件。"

（2）依据《中华人民共和国民法典》第四百六十六条规定，当事人对合同条款的理解有争议的，应当按照合同所使用的词句、合同的有关条款、合同的目的、交易习惯以及诚信原则，确定该条款的真实意思。

案例25：小规模纳税企业开具3%税率发票，报价中却填写9%税率，应如何处理？

1. 事实阐述

某项目为固定总价合同，中标价为1870万元，招标时发包人提供了工程量清单，投标人为小规模纳税人，但其填报的报价表中税率为9%。在工程结算时，发现投标人开具的发票税率为3%，与报价表中的9%存在差异。因此，发包人主张从结算工程款中扣除6%的税率差额。

2. 造价争议

📑【承包人立场】

小规模纳税人享受3%的税率优惠政策，不能因此被扣减工程款。工程造价中的税率属于不可竞争性费用，不得随意更改。中标是以总价为依据的，发包人对税金并未提出异议。若在中标前要求修改税金，则需在其他综合单价中调整价格，以维持总价不变的原则。

👥【发包人立场】

应扣除6%的税率差额，原因是合同价中的税率为9%，而实际开票税率为3%。若未按9%开具发票，则在结算时扣除6%的做法较为合理。税金填报由承包人自行负责，因填报与实际开具发票税率不符而导致的错误应由承包人承担。

3. 案例解析

工程造价中的材料按除税价计入。一般纳税人开具9%税率发票可抵扣进项税，而小规模纳税人按3%计税不可抵扣进项税。因此，不应直接扣除税率差额。本案例中，若按 6% 税率差额扣除，既不符合总价合同相关规定，也不符合税务部门"三流一致"要求，即物流、发票流、资金流一致。签订合同总价、开具发票金额及支付工程款均为 1870 万元，三者保持一致，若扣除税率差额将导致不一致。

工程造价的计价原则和实际纳税是两个不同的体系，需要分别考虑。正确理解税法和计价体系对于公平解决此类争议至关重要。简单地扣除税金差额是不合适的。

例如，报价表中列明的三项税金，是否需要分别开具发票？报价表未列明税金，是否意味着无需开具发票？通过这一推理可以得出，合同约定价款含税与报价清单中填报税金是两个不同概念。合同中约定的发票税率为 3%，而报价清单中填报的税率为 9%，由此可以推断两者并无抵扣关系。

4. 相关依据

（1）依据《建设工程工程量清单计价规范》（GB 50500—2013）第 8.3.2 条规定："采用经审定批准的施工图纸及其预算方式发包形成的总价合同，除按照工程变更规定的工程量增减外，总价合同各项目的工程量应为承包人用于结算的最终工程量。"

（2）依据《国家税务总局关于加强增值税征收管理若干问题的通知》（国税发192 号）文件："纳税人购进货物或应税劳务，支付运输费用，所支付款项的单位，必须与开具抵扣凭证的销货单位，提供劳务的单位一致，才能够申报抵扣进项税额，否则不予抵扣。"

（3）依据财税〔2016〕36 号附件 1《营业税改征增值税试点实施办法》第三条："小规模纳税人一律适用简易计税方法，不得抵扣进项税额。"

案例 26：误将含税材料价格计入总价合同中，结算时需要再扣除税金吗？

1. 事实阐述

某项目弱电工程固定总价合同金额为 1100 万元。招标文件中明确规定投标材料和设备价格应以不含税价格计入。该承包商以最低报价中标，但其报价文件和材料汇总表中的材料价格一致，表明其材料和设备价格采用含税价格。此问题在招投标过程及合同签订时未被发现，也未进行相应调整，致使结算阶段产生争议。

2. 造价争议

【承包人立场】

签订的合同为固定总价合同。当时的材料汇总表由缺乏相关专业知识的人员编制，未能准确区分含税与不含税价格，也未考虑营业税改增值税政策影响，仅为完成表格而填写。招标过程中，招标人未就综合单价与合同总价高于材料表价格的情况进行澄清或质疑。承包人以最低价中标，发包人在评标过程中已认可并接受承包人报价。工程已完工，发包人却因报价文件中的细节问题要求扣款，不符合合同精神，亦不合情理。

【发包人立场】

合同明确约定材料和设备价格应以不含税价格计入。投标时未遵守此约定，结算应按合同规定进行调整。通过对报价表中各项计算，材料费应扣减 75 万元，计算取费后总价应扣减 92 万元。

3. 案例解析

从合同效力角度分析，固定总价合同金额 1100 万元是双方真实意思表示，应当认定合同有效。但合同内容存在矛盾之处，需要进一步解释。根据《中华人民共和国招标投标法》第四十六条规定，应按照招标文件和中标人的投标文件订立书面合同，而招标文件明确要求材料和设备价格应以不含税价格计入，这一条款对双方均有约束力。投标人的投标文件是对招标文件的响应和承诺，也构成合同的组成部分。承包人在投标文件中采用含税价格，与招标要求不符，存在瑕疵。根据《中华人民共和国民法典》第四百六十六条，对格式条款的理解发生争议的，应当按照通常理解予以解释。在本项目中，应当按照招标文件的明确要求解释。

招标文件明确要求不含税价格，承包人报价采用含税价格，违反了招标要求。从合同解释角度，应当按照招标文件的要求执行，即以不含税价格计算。虽然合同为固定总价，但基于诚实信用原则，承包人不应因自身报价错误而获得额外利益。

虽然合同约定应以不含税价格计入，但考虑到双方在招投标过程中的责任，以及固定总价合同的特性，完全按照发包人的要求扣减可能过于严苛。双方应本着诚信原则，在尊重合同约定的基础上，考虑实际情况，协商一个合理的解决方案。

4. 相关依据

（1）依据《中华人民共和国招标投标法》第四十六条："招标人和中标人应当自中标通知书发出之日起三十日内，按照招标文件和中标人的投标文件订立书面合同。招标人和中标人不得再行订立背离合同实质性内容的其他协议。"

（2）依据《中华人民共和国民法典》第四百六十六条："当事人对合同条款的理解有争议的，应当依据本法第一百四十二条第一款的规定，确定争议条款的含义。"

第五百七十七条："当事人一方不履行合同义务或者履行合同义务不符合约定的，应当承担继续履行、采取补救措施或者赔偿损失等违约责任。"

（3）依据《建设工程施工合同（示范文本）》（GF-2017-0201）第 1.5 条："组成合同的各项文件应互相解释，互为说明。除专用合同条款另有约定外，解释合同文件的优先顺序如下：（1）合同协议书；（2）中标通知书（如果有）；（3）投标函及其附录（如果有）；（4）专用合同条款及其附件；（5）通用合同条款；（6）技术标准和要求；（7）图纸；（8）已标价工程量清单或预算书；（9）其他合同文件。"

案例 27：招标要求一般纳税人，但中标方为小规模纳税人，如何结算？

1. 事实阐述

某市政工程建设项目，资金来源为镇政府自筹。2022 年 7 月，发包人采用邀请招标方式进行招标，最终由某建筑公司中标。双方签订了施工合同，约定本工程采用工程量清单计价方式，合同价格形式为固定单价，工程开工日期为 2022 年 10 月 6

日，竣工日期为 2023 年 4 月 5 日。

在合同履行阶段，承包人实际纳税资格为小规模纳税人，向发包人开具的进度款发票均为 3％税率的增值税普通发票，结算时双方就税金计算方式产生争议。

2. 造价争议

【承包人立场】

本工程最高投标限价采用一般计税法编制，增值税税率为 9％。招标文件明确规定，承包本合同工程需缴纳的一切税费均由投标人承担，并包含在总报价或单价中。招标文件和施工合同未对承包人的纳税资格和税务方案提出明确要求。合同约定的增值税计算规定仅用于确定含税工程造价，与实际缴纳方式和金额无关。因此，不予调整。

【发包人立场】

承包人实际缴纳的增值税税率与合同清单中约定的税率不一致时，结算应以承包人实际开具的增值税发票所对应的税率为准，将中标清单中的税率由 9％调整为 3％。

3. 案例解析

经查阅合同，招标文件和施工合同未对承包人的纳税资格和税务方案提出明确要求。工程造价采用的计税方法仅用于确定投标报价，属市场交易价格，与实际增值税缴纳方式和税率无关。结算时应遵循招标文件与合同约定的增值税计税方法。

若合同明确约定承包人应承担 9％税金，而承包人仅能开具 3％发票，因未能按约开具相应发票对发包人造成损失，承包人应承担违约责任。本工程合同未约定具体税率，故不构成违约。

发包人如对投标人纳税资格有要求，应在招标文件中明确或在招标前进行资格审查，最迟应在确定中标单位前履行审查义务。发包人未进行纳税资格审查，存在主观过错，应承担因此造成的损失。若承包人投标时故意隐瞒或虚构纳税资格，造成发包人错误判断并遭受损失，应由承包人承担责任。

4. 相关依据

依据《中华人民共和国民法典》第五条规定："民事主体从事民事活动，应当遵循自愿原则，按照自己的意思设立、变更、终止民事法律关系。"自愿原则，也称为意思自治原则，是民法的一项基本原则。它要求民事主体有权根据自己的意愿，自愿从事民事活动，按照自己的意思自主决定民事法律关系的内容及其设立、变更和终止，自觉承受相应的法律后果。

第七条规定："民事主体从事民事活动，应当遵循诚信原则，秉持诚实，恪守承诺。"诚实信用原则是民法的基本原则，要求人们在民事活动中应当诚实、守信用，正当行使权利和履行义务。诚信原则要求民事主体在民事活动中讲信用、守信用，以善意的方式行使权利、履行义务，不诈不欺，言行一致，信守诺言。在合同关系中，诚信原则强调双方当事人应当遵循诚信原则。

案例 28：清单描述的土壤类别与实际不一致，结算如何处理？

1. 事实阐述

某项目招标时将基础土方定为二类土质，工程量清单中描述为二类土挖土方。施工过程中发现粗砾石，经发包人、监理工程师、承包人共同认定为三类土，并出具签证确认单。结算时，发包人发现原清单中挖土方项目承包人报价显著低于正常水平，约为预算定额套价的一半。发包人按预算定额套价计算二类土挖土方后，再套用三类土挖土方预算定额，以差价作为结算费用。承包人主张扣除原清单报价，按三类土挖土方预算定额套价进行结算。双方就此产生争议。

2. 造价争议

【承包人立场】

原清单组成的价格高低与结算无关，仅需将其扣除，并采用新组成的价格替代原报价。在报价阶段，考虑到二类土质开挖可使用普通挖掘机完成。然而，实际施工中遇到三类土质，无法使用普通挖掘机施工，需先用镐头清除砾石，再进行开挖，导致实际作业费用超过预算定额套价中的三类土价格。因此，申报结算书中扣除原清单报价，并按三类土挖土方预算定额套价进行结算的做法是合理的。

【发包人立场】

承包人投标报价中挖土方价格偏离了招标控制价，中标价格是不合理的，应在结算时按预算定额重新组成价格，并且三类土质的价格也是预算定额方式组成的价格。所以，"按预算定额套价计算二类土挖土方后，再套用三类土挖土方预算定额，以差价作为结算费用"这样的解决方式是合理的。

3. 案例解析

本项目挖土期间发现地下存在粗砾石，导致土质由二类变更为三类，应按工程变更处理。发包人修正原挖土方清单报价价格不合理，因清单计价采用综合单价固定方式，变更后应以新组成的综合单价替代原综合单价。

在结算时，本项目报价清单中存在类似于变更工程项目的清单项目，新组成的综合单价应在合理范围内参照类似项目的单价。鉴于原报价是按照预算定额组成的价格，且甲乙双方已同意采用预算定额组价方式处理，仅对价格部分存在争议。所以，承包人申报结算书中扣除原清单报价，并按三类土挖土方预算定额套价进行结算是正确的做法。

通过预算定额重组得到的新综合单价应考虑投标下浮率，即计算中标价与招标控制价的下浮率，而非按清单项的下浮比例同比下浮。因此，根据清单计价规范，发包人主张修正原挖土方清单报价的价格是错误的做法。

4. 相关依据

依据《建设工程工程量清单计价规范》（GB 50500—2013）第 9.3.1 条，因工程变更引起已标价工程量清单项目或其工程数量发生变化，应按照下列规定调整。

① 已标价工程量清单中有适用于变更工程项目的，采用该项目的单价；但当工程变更导致该清单项目的工程数量发生变化，且工程量偏差超过 15%，此时，该项目单价的调整应按照本规范第 9.6.2 条的规定调整。

② 已标价工程量清单中没有适用但有类似于变更工程项目的，可在合理范围内参照类似项目的单价。

③ 已标价工程量清单中没有适用也没有类似于变更工程项目的，应由承包人根据变更工程资料、计量规则和计价办法、工程造价管理机构发布的信息价格和承包人报价浮动率提出变更工程项目的单价，并应报发包人确认后调整。承包人报价浮动率可按下列公式计算：

招标工程：承包人报价浮动率 $L = (1 - 中标价/招标控制价) \times 100\%$

非招标工程：承包人报价浮动率 $L = (1 - 报价/施工图预算) \times 100\%$

④ 已标价工程量清单中没有适用也没有类似于变更工程项目，且工程造价管理机构发布的信息价格缺价的，应由承包人根据变更工程资料、计量规则、计价办法和通过市场调查等取得有合法依据的市场价格提出变更工程项目的单价，并应报发包人确认后调整。

第三节　双方理解差异争议

案例 29：模拟清单计价项目，内部指导价与清标价哪个效力较大？

1. 事实阐述

某房地产项目采用模拟清单计价，合同约定主要材料按内部指导价格结算。负一层消防专业外墙预留为柔性防水套管，在清标确定价格期间无内部指导价，故按定额套取制作与安装子目。结算时，发包人提供了内部指导价，双方就计价方式产生争议。审核方认为应套用安装子目，主材按内部指导价计算；承包人则坚持应按定额套取制作与安装子目。

2. 造价争议

【承包人立场】

在清标确定价格阶段，发包人未提供内部指导价格。清标完成后，已确定的价格即为合同约定价格。清标工作不仅包括核对施工图纸工程量，还应客观、准确、全面地纠正报价偏差。清标后，双方确认的价格保持不变，结算时仅考虑实际发生的变更增减。因此，清标时确定的按定额套用的制作与安装子目在结算时亦不应变动。

【发包人立场】

按照合同约定执行，无论在清标阶段还是结算阶段，一旦发布内部指导价，均应严格遵照约定执行。合同约定条款效力高于清标，清标仅对已认可范围内的事项进行确认，并不代表未认可事项的最终确定。例如，柔性防水套管属于未认可事项，清标时并未明确规定此项在结算时不再调整，因此，依据合同约定执行此项价格是合理的。

3. 案例解析

防水套管若为成品采购，则执行防水套管安装子目；若为现场制作，则应套用相应的制作与安装子目，材料价格按合同约定的内部指导价进行计价。合同规定施工期间执行内部指导价，但内部指导价仅在结算阶段才有，存在矛盾。实际上，合同条款明确，承包人自行采购的材料设备若无工程造价信息价格和定额单价，应由承包人报价，经监理工程师审核，报发包人审定后作为结算单价。建议在今后施工过程中，双方以签证单的审价形式确认价格，以减少日后结算争议。

清标是对投标报价的审核和修正过程，其目的是纠正明显偏差，而非确定最终结算价格。清标后的价格虽然得到双方确认，但并不能视为最终的合同价格，尤其是在存在明确合同条款的情况下。虽然在清标阶段未提供内部指导价，但合同约定了一旦发布即应执行的机制。这体现了双方对于价格调整的共同意愿，应当予以尊重。

本项目争议的焦点是清标认定价格是否应作为结算价格。内部指导价应在清标时给出，因为中标价是双方商定的成交价。清标时未明确需调整的项目，可视为双方已认可其价格。然而，本案例中内部指导价的效力应当大于清标价。建议按照合同约定，采用内部指导价对柔性防水套管进行结算。尽管合同约定了内部指导价，但此价格必须得到承包人的认可，合同中应明确约定内部指导价的认价流程。因此，承包人可以以约定不明确为由，主张对自己有利的价款计算方式。双方可以通过协商解决争议。同时，承包人在投标时应当预见到这种价格调整的可能性，并将其纳入风险考虑范围。

4. 相关依据

（1）根据房地产市场交易规则、行业公认的交易方式、模拟清单计价的清标定义，以及本项目合同约定，结合项目实际情况。司法实践中，法院一般会尊重合同中关于以清标价作为结算依据的约定，内部指导价主要用于企业内部成本控制，对外不具备法律约束力。

（2）依据《中华人民共和国民法典》第五百一十条："合同生效后，当事人就质量、价款或者报酬、履行地点等内容没有约定或者约定不明确的，可以协议补充；不能达成补充协议的，按照合同相关条款或者交易习惯确定。"

第五百一十一条："当事人就有关合同内容约定不明确，依据前条规定仍不能确定的，适用下列规定：……（二）价款或者报酬不明确的，按照订立合同时履行地的市场价格履行；依法应当执行政府定价或者政府指导价的，依照规定履行。"

案例 30：喷射混凝土基坑支护属于工程实体费还是措施费？

1. 事实阐述

某项目采用预算定额计价方式，基坑支护采用土钉墙加挂钢筋网和喷射混凝土。合同约定措施费包干，但在结算过程中，承包人将基坑支护费用列入工程实体分项。审核方认为该费用不构成工程实体，应属措施费，不应计取，由此引发双方争议。

2. 造价争议

【承包人立场】

基坑支护不应计入措施费用，原因在于预算定额将其列入第二章"桩与地基基础工程"，而其他章节的措施项目都标有"措施"二字。因此，从预算定额分项来看，喷射混凝土基坑支护应归类为工程实体分项。

【发包人立场】

未在施工图纸中体现的实体项目均属措施费用范畴。合同约定措施费包干，应理解为涵盖本工程项目中所有措施，包括喷射混凝土基坑支护。开工前采用预算定额核对时已确定措施费用总价，承包人核对时未提出其他措施费用。开工后发现基坑土壁需支护，系承包人报价失误所致，应由承包人承担责任。

3. 案例解析

该费用并非用于辅助施工的技术措施，而是为解决施工安全问题而设立的。例如，安全文明施工费中包含基坑临边防护栏杆，但不包括基坑支护费用。对于此类造价高、风险大的基坑支护工程，必须经过专家论证并出具具体设计图纸后方可施工，且不可拆除。因此，建议按实体费用计算更为合理。

本项目采用预算定额计价方式，应按预算定额划分理解措施费用，除非合同明确约定基坑支护包含在措施包干费用中。预算定额中也包含不形成实体的项目，如原土打夯、基底钎探、土石方开挖等，这些项目在施工图纸中并未标明具体尺寸或形态，因此发包人的理解存在误差。根据合同约定意图及报价分析表，本项目所指为通用措施费。以基坑支护混凝土灌注桩为例，从其在总价中的占比分析，不应列入措施费。合同约定措施费包干性质，旨在解决施工组织描述与实际施工不符时可能出现的争议。综合分析，该项目合同约定的是通用措施费。

综合考虑上述因素，喷射混凝土基坑支护更倾向于属于工程实体费而非措施费，理由如下。

（1）基坑支护形成了实际的工程实体，具有持久性和结构功能。

（2）预算定额将其列入"桩与地基基础工程"章节，而非明确标注为措施项目。

（3）虽然基坑支护可能在施工过程中根据实际情况调整，但这不足以将其完全归类为措施费。

4. 相关依据

（1）依据《工程造价术语标准》（GB/T 50875—2013）第 2.1.11 条规定措施费："为完成工程项目施工，发生于施工准备和施工过程中的技术、生活、安全、环境保护等方面的项目。"

条文说明第 2.2.51 条："措施项目费包括通用措施费和专业工程措施费。通用措施费主要包括安全文明施工费、夜间施工增加费、冬雨季施工增加费、二次搬运费、已完工程及设备保护费。专业工程措施费根据工程性质的不同而有所区别，如房屋建筑工程的护坡费用、降水费用等。在工程计价中，对可以计算工程量的措施项目，采用综合单价计价，其余的措施项目可以"项"为单位计价，包括除规费、税金外的全部建筑安装工程费用。"

（2）依据《天津市建筑工程预算基价》（DBD29-101-2020）第 44 页第 5 小节"土钉与锚喷联合支护，定额子目 2-68，喷射混凝土护坡"。

（3）依据湖南省建设工程造价管理总站《关于基坑支护桩是否属于施工措施费等计价问题的处理意见》（湘建价建函〔2011〕24 号）问答第一条回复："按现行《湖南省建设工程工程量清单计价办法》规定，实体工程（或称分部分项工程）根据施工图列项计算相关费用；施工措施费则依据施工组织设计列项计算相关费用。基坑支护桩、土钉及喷锚等均属于实体工程，应按施工图施工。如施工过程中经设计单位审核同意增加的基坑支护桩属于实体工程，可按设计变更条款办理工程结算。"

案例 31：钢结构自带涂层是否还需要在现场再次涂装？

1. 事实阐述

某项目为钢结构厂房项目，建筑面积为 $53000m^2$，包含多栋多层和单层钢结构厂房。其中，多层钢结构采用混凝土柱包钢结构（图 1-1）。钢结构的施工方法为刷两遍防锈漆，并在外表喷涂 15mm 厚的防火涂料。本项目为单价合同，投标人采取预算定额套价方式填报综合单价。

在工程结算时，发包人认为钢结构的构件在出厂时已自带防锈漆，因此不应再另行计算刷防锈漆的费用，并将此项费用扣除。承包人则认为构件制作时刷防锈漆与现场刷防锈漆是两种不同的工艺做法，因此不应扣除此项费用，双方因此发生争议。

2. 造价争议

【承包人立场】

钢结构构件在出厂时涂刷防锈漆是为了满足制作和安装需求，而现场涂刷两遍防锈漆则是为了满足结构使用要求，两者并不冲突。防锈漆的作用是在安装过程中和长期使用期间防止钢结构生锈，因此不应扣除此项费用。

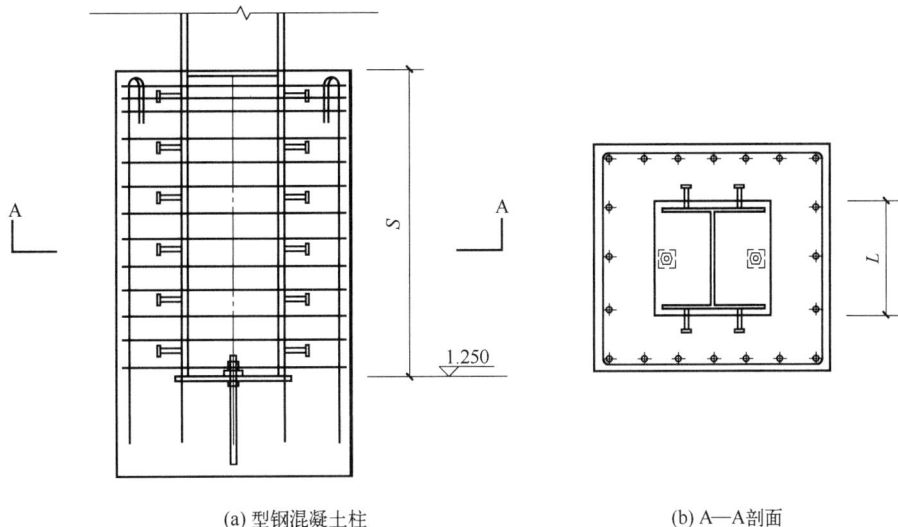

(a) 型钢混凝土柱　　　　　　　　　(b) A—A剖面
图 1-1　混凝土柱包钢结构示意图

需要注意的是，防火涂料的功能与防止钢结构生锈无关，无论涂刷多厚都不会影响钢结构的防锈性能。根据工程质量相关规定和工艺要求，设计图纸中的做法并无重复，是符合标准的正常做法，施工现场也是按此方式完成的。因此，按照提交的结算书进行结算是合理的，并无不当之处。

👥【发包人立场】

混凝土包裹的钢结构部位无需刷防锈漆，因为混凝土中的钢材本身就不需要防锈处理。同样，单层钢结构厂房的表面也不应再刷防锈漆，原因是钢结构构件在出厂时已涂有防锈漆，并且表层覆盖了防火涂料，因此无需再次刷防锈漆。

招标清单中虽然描述了刷两遍防锈漆，但这是针对钢结构构件的要求，与施工图纸说明中的工程做法是一致的。清单报价分析表中虽然没有单独列出刷防锈漆的油漆定额子目，但钢梁、钢柱的定额子目工料机中已包含了刷防锈漆的内容，因此不属于清单漏项。综上所述，结算报价表中的刷防锈漆项目应予以扣除，不再计算相关费用。

3. 案例解析

多层厂房中，混凝土包裹的钢结构部位无需刷防锈漆，但其他部位都应涂刷防锈漆。工厂涂装主要是为了在运输和安装过程中临时保护钢构件，而现场涂装则是为了满足结构长期使用的防腐要求，通常需要多道涂装。

钢结构防腐涂装应符合设计要求和相关标准规定。根据钢结构工程施工质量验收标准，钢结构的每个构件出厂后在安装时以及现场安装完成后都应该刷防锈漆，这与防火涂料的喷涂无关。构件防腐涂装、现场防腐涂装和防火喷涂三者并不冲突。

虽然混凝土包裹的钢结构部位无需刷防锈漆，但预算定额中并未说明要扣除此费用。在清单中描述刷防锈漆是清单列项错误，应单独列出金属面油漆清单，该错误应作为清单漏项处理。综合分析，承包人申报的结算中不应再扣除刷防锈漆费用。

4. 相关依据

（1）依据《房屋建筑与装饰工程工程量计算规范》（GB 50854—2013）中的表

P.5 金属面油漆，清单项目编码 011405001 金属面油漆，项目特征："1. 构件名称；2. 腻子种类；3. 刮腻子要求；4. 防护材料种类；5. 油漆品种、刷漆遍数。"

表 P.7 喷刷涂料，清单项目编码 011407005 金属构件刷防火涂料，项目特征："1. 喷刷防火涂料构件名称；2. 防火等级要求；3. 涂料品种、喷刷遍数。"

表 F.3 钢柱，清单项目编码 010603001 实腹钢柱，工作内容："1. 拼装；2. 安装；3. 探伤；4. 补刷油漆。"注解第 3 款："型钢混凝土柱浇筑钢筋混凝土，其混凝土和钢筋应按本规范附录 E 混凝土及钢筋混凝土工程中相关项目编码列项。"

（2）依据《钢结构工程施工质量验收标准》（GB 50205-2020）第 4.11.1 条："钢结构防腐涂料、稀释剂和固化剂等材料的品种、规格、性能等应符合国家现行标准的规定并满足设计要求。"

第 13.1.3 条："钢结构普通防腐涂料涂装工程应在钢结构构件组装、预拼装或钢结构安装工程检验批的施工质量验收合格后进行。钢结构防火涂料涂装工程应在钢结构安装分项工程检验批和钢结构防腐涂装检验批的施工质量验收合格后进行。"

第 13.1.4 条："采用涂料防腐时，表面除锈处理后宜在 4h 内进行涂装，采用金属热喷涂防腐时，钢结构表面处理与热喷涂施工的间隔时间，晴天或湿度不大的气候条件下不应超过 12h，雨天、潮湿、有盐雾的气候条件下不应超过 2h。"

第 13.4.1 条："防火涂料涂装前，钢材表面防腐涂装质量应满足设计要求并符合本标准的规定。"

（3）依据《建设工程工程量清单计价规范》（GB 50500—2013）第 4.1.2 条："招标工程量清单必须作为招标文件的组成部分，其准确性和完整性应由招标人负责。"

（4）依据《建设工程施工合同（示范文本）》（GF-2017-0201）第 1.13 条："除专用合同条款另有约定外，发包人提供的工程量清单，应被认为是准确的和完整的。出现下列情形之一时，发包人应予以修正，并相应调整合同价格：（1）工程量清单存在缺项、漏项的；（2）工程量清单偏差超出专用合同条款约定的工程量偏差范围的；（3）未按照国家现行计量规范强制性规定计量的。"

（5）可借鉴《建设工程工程量清单计价标准》（GB/T 50500—2024）中，第 3.1.8 条："采用单价合同的工程，分部分项工程项目清单的准确性、完整性应由发包人负责；采用总价合同的工程，已标价分部分项工程项目清单的准确性、完整性应由承包人负责。建设工程无论是采用单价合同或总价合同，按项编制的措施项目清单的完整性及准确性均应由承包人负责。"

案例 32：安装调试费是单独列项计算还是包含在工程量清单中？

1. 事实阐述

在某水电安装工程中，采用工程量清单计价方式，合同价格形式为单价合同，目前处于竣工结算阶段。发包方与承包方就招标清单中未列明的项目（如水泵检查、接线线路自动合闸调试、母线系统调试、备用电源自投装置调试等）是否应当另行计费产生争议。

2. 造价争议

【承包人立场】

工程量清单中项目特征描述未涵盖调试工作，且补充合同条款明确规定给排水系统和电气系统的工程内容仅限实体工程施工，未列明系统调试等附加工作。鉴于采用综合单价包干方式，工程量应按实际情况结算，故系统调试费用应依据合同约定的新增项目确认。

【发包人立场】

合同条款中规定的综合单价包干涵盖完成本工程的全部工作内容，包括深化设计在内，不得因承包人后期深化设计而增加清单项目或调整综合单价。水泵检查、接线线路自动合闸调试、母线系统调试、备用电源自投装置调试包括在实体工程项目的综合单价中，不应再增加费用。

3. 案例解析

合同中关于综合单价包干的条款应明确列出包括哪些内容，特别是调试工作是否包含在内。若描述不清，可能导致承包人承担不合理的风险。安装工程工程量计算规范中，调试费用应被视为工程的一部分，另行列有清单子目。

如果合同中未明确约定调试费用的计算方式，双方应依据行业惯例或相关法律规定处理。承包人有权要求按新增综合单价确认，合理计算调试费用，以保证工程结算的公正性和合理性。

4. 相关依据

（1）依据《通用安装工程工程量计算规范》（GB 50856—2013）中，表 D. 14 电气调整试验，清单编码为 030414004 自动投入装置，工程量计算规则："按设计图示数量计算。"该清单子目表明，电气调整试验应在清单中单独列项，而非包含在实体工程项目的综合单价中。

（2）依据《河南省通用安装工程预算定额》（HA02-31-2016）第四册，册说明第四条："本册定额不包括下列内容：……电气设备及装置配合机械设备进行单体试运和联合试运工作内容。发电、输电、配电、用电分系统调试、整套启动调试、特殊项目测试与性能验收试验应单独执行本册定额第十七章'电气设备调试工程'相应的定额。

"1）单体调试是指设备或装置安装完成后未与系统连接时，根据设备安装施工交接验收规范，为确认其是否符合产品出厂标准和满足实际使用条件而进行的单机试运或单体调试工作。单体调试项目的界限是设备没有与系统连接，设备和系统断开时的单独调试。

"2）分系统调试是指工程的各系统在设备单机试运或单体调试合格后，为使系统达到整套启动所必须具备的条件而进行的调试工作。分系统调试项目的界限是设备与系统连接，设备和系统连接在一起进行的调试。

"3）整套启动调试是指工程各系统调试合格后，根据启动试运规程、规范，在工程投料试运前以及试运期间，对工程整套工艺运行生产以及全部安装结果的验证、检验所进行的调试。整套启动调试项目的界限是工程各系统间连接，系统和系统连接在一起进行的调试。"

（3）可借鉴《通用安装工程工程量计算标准》（GB/T 50856—2024）中，表 D.16 电气调整试验，清单编码为 030416009 自动投入装置："按设计图示数量计算。"该清单子目表明，电气调整试验应在清单中单独列项，而非包含在实体工程项目的综合单价中。

案例 33：预算定额中电气设备调试后，是否还需要进行电气系统调试？

1. 事实阐述

某保障性住房项目通过公开招标确定承包人，采用单价合同形式和工程量清单计价方式，现处于竣工结算阶段。在结算过程中，双方就招标清单中非可视对讲系统（包括单元主机、户内分机和户外机）的系统调试费是否重复计算产生争议。

2. 造价争议

📚【承包人立场】

投标报价依据原招标清单编制，并在施工过程中全面执行。结算时再对招标清单进行扣减，违背了合同"有约从约"的基本原则。即使招标清单存在不合理之处，也不应在结算时扣减，而应在评标过程中进行清标。此外，根据清单计价规范，工程量清单的准确性和完整性由招标人负责，因此相关系统调试费不应扣除。

👥【发包人立场】

非可视对讲单元主机、户内分机及单元户外机项目已包含调试和试运行费用。原招标清单中对这三个项目的系统调试费用单独列项，构成重复计算，应予以扣除。

3. 案例解析

本案例争议的核心在于判定调试费用的范围和工作内容。根据本项目招标清单项目特征描述，清单中的非可视对讲单元主机、户内分机以及单元户外机项目已包含设备的单体调试与试运行费用。而单独列项的系统调试清单则指各单体组成系统后的联合调试与试运行费用。显然，两者所包含的费用范围和工作内容并不重复，因此结算时应分别计算。

设备安装与系统调试的区别：电气设备的安装调试和整个系统的调试是两个不同的过程。设备安装调试主要针对单个设备的功能测试，而系统调试则涉及整个系统的联调和性能验证。因此，单独列出系统调试费用并非一定构成重复计算。

4. 相关依据

（1）依据《天津市安装工程预算基价》（DBD 29-302-2020）第二册电气设备安装工程，册说明第五条第二款："本册基价各子目中不包括以下内容：电气设备（如电动机等）配合机械设备进行单体试运转和联合试运转工作。"第二章配电装置安装说明第十五条第二款："配电智能设备单体调试基价中只考虑三遥（遥控、遥信、遥测）功能调试，若实际工程增加遥调功能时，执行相应基价乘以系数 1.20。"

（2）依据《河南省通用安装工程预算定额》（HA02-31-2016）第四册，册说明第四条："本册定额不包括下列内容：……电气设备及装置配合机械设备进行单体试运和联合试运工作内容。发电、输电、配电、用电分系统调试、整套启动调试、特殊项目测试与性能验收试验应单独执行本册定额第十七章'电气设备调试工程'相应的定额。

"1）单体调试是指设备或装置安装完成后未与系统连接时，根据设备安装施工交接验收规范，为确认其是否符合产品出厂标准和满足实际使用条件而进行的单机试运或单体调试工作。单体调试项目的界限是设备没有与系统连接，设备和系统断开时的单独调试。

"2）分系统调试是指工程的各系统在设备单机试运或单体调试合格后，为使系统达到整套启动所必须具备的条件而进行的调试工作。分系统调试项目的界限是设备与系统连接，设备和系统连接在一起进行的调试。

"3）整套启动调试是指工程各系统调试合格后，根据启动试运规程、规范，在工程投料试运前以及试运期间，对工程整套工艺运行生产以及全部安装结果的验证、检验所进行的调试。整套启动调试项目的界限是工程各系统间连接，系统和系统连接在一起进行的调试。"

案例 34：采用定额下浮方式结算，是指在税前下浮还是税后下浮？

1. 事实阐述

某商住楼工程合同约定，建安部分结算价按照财政评审施工图预算下浮 8.5%。目前，财政评审的施工图预算造价为 12642.5709 万元，其中不含税价为 11598.6889 万元，税金为 1043.8820 万元，税率为 9%。在结算时，发包人主张税后下浮，而承包人主张税前下浮。

2. 造价争议

【承包人立场】

承包人主张税金为不可竞争费用且不可下浮，并提议按以下规则计算最终结算价：最终结算价 $=12642.5709-11598.6889\times8.5\%=11656.6823$（万元）。

【发包人立场】

发包人主张整体下浮（税后下浮），按照如下规则计算最终结算价：
最终结算价 $=12642.5709-12642.5709\times8.5\%=11567.9524$（万元）。

3. 案例解析

预算下浮是承包人让利的一种行为。营业税改增值税后，一般计税项目采用价税分离的计价方式，目的是将商品或劳务的价格与应征流转税款分离，便于利润及税务核算。由于建筑服务的税率固定为 9%，下浮率的基数只能是价格。最终结算 =

$(11598.6889-11598.6889×8.5\%)×(1+9\%)=11567.9524$（万元），从计算式中得出下浮不参与计税，是税前下浮，承包人的计算方法是错误的。

从最终结果来看，与发包人主张的结果一致，但实质上存在显著差异。差异在于8.5%下浮的基数包含税金，导致税额也随之下浮。

4. 相关依据

（1）依据《建设工程工程量清单计价规范》（GB 50500—2013）第3.1.6条："规费和税金必须按国家或省级、行业建设主管部门的规定计算，不得作为竞争性费用。"

（2）依据《中华人民共和国增值税暂行条例实施细则》（财政部令第50号）第十一条："小规模纳税人以外的纳税人（以下称一般纳税人）因销售货物退回或者折让而退还给购买方的增值税额，应从发生销售货物退回或者折让当期的销项税额中扣减；因购进货物退出或者折让而收回的增值税额，应从发生购进货物退出或者折让当期的进项税额中扣减。一般纳税人销售货物或者应税劳务，开具增值税专用发票后，发生销售货物退回或者折让、开票有误等情形，应按国家税务总局的规定开具红字增值税专用发票。未按规定开具红字增值税专用发票的，增值税额不得从销项税额中扣减。"

案例 35：合同约定与清单计价规范中的相关规则不一致时，应如何进行结算？

1. 事实阐述

某钢结构工程，施工合同关于结算条款约定："本工程采用暂定合同总价、固定综合单价的计价方式。合同附件《工程量清单报价表》中的综合单价为固定单价，除合同另有约定外，不因任何因素调整。"专用条款对综合单价调整因素的约定为："本工程仅因业主要求或设计变更等原因可调整综合单价，且须经业主审核、认可后方可执行。其他任何因素不予调整。"在工程合同履行过程中，发包人发现工程量清单中所描述的清单项目特征与施工图纸不符，且标准高于施工图纸，在竣工结算时提出调整合同价款的要求。

2. 造价争议

【承包人立场】

施工合同专用条款明确规定，综合单价为固定单价，除合同约定的设计变更外，不因任何因素调整合同单价。鉴于本工程未发生设计变更，应严格执行合同约定，不应调整合同单价。

【发包人立场】

合同约定采用单价合同，工程量清单仅作为招标时统一报价的基础。根据清单计价规范中相关规定，如果施工图纸（含设计变更）与招标工程量清单项目的特征描述不符，且该变化引起项目工程造价的增减变化，应按施工图纸的项目特征重新确定相应工程量清单项目的综合单价。

3. 案例解析

《建设工程工程量清单计价规范》（GB 50500—2013）第 9.4 条关于项目特征不符的规定并非强制性条文，不具有必然约束力。只有在合同明确且唯一约定适用该条款的情况下，才可对合同清单项目特征描述与施工图纸不符进行价款调整。

本合同在专用条款中明确约定，除设计变更外，任何情况下均不调整合同单价。即使合同其他条款仅笼统约定执行清单计价规范，未具体涉及计价规范第 9.4.2 条关于项目特征不符的规定，也不能超越专用条款的特别约定。

《建设工程工程量清单计价规范》属行业管理类规范，其法律位阶低于法律和行政法规。就合同效力而言，计价规范仅在合同明确约定为其组成部分时，对合同当事人具有法律约束力；否则仅具管理性约束力，违反其规定不影响合同相关条款效力，其效力甚至不及具有行政处罚效果的地方性法规。

合同明确约定了除特定因素外不予调整价款。尽管合同可能约定执行清单计价规范，但其中关于项目特征不符与工程量清单缺项的价款调整规定并非强制性条款，其效力低于合同约定。即便合同约定违反了强制性条款，通常也不会导致合同整体无效。

4. 相关依据

（1）依据《中华人民共和国民法典》第五条规定："民事主体从事民事活动，应当遵循自愿原则，按照自己的意思设立、变更、终止民事法律关系。"该条体现了民法领域的自愿原则，具有三层含义：一是在法律允许范围内，赋予民事主体广泛的行为自由；二是协商达成的合意，只要不违反法律强制性规定和公序良俗，可以高于法律任意性规范；三是私法领域法无明文禁止即可为。

（2）依据《最高人民法院关于适用〈中华人民共和国民法典〉合同编通则若干问题的解释》（法释〔2023〕13 号）第十五条规定："人民法院认定当事人之间的权利义务关系，不应当拘泥于合同使用的名称，而应当根据合同约定的内容。当事人主张的权利义务关系与根据合同内容认定的权利义务关系不一致的，人民法院应当结合缔约背景、交易目的、交易结构、履行行为以及当事人是否存在虚构交易标的等事实认定当事人之间的实际民事法律关系。"

（3）依据《建设工程工程量清单计价规范》（GB 50500—2013）第 9.4.2 条："承包人应按照发包人提供的设计图纸实施合同工程，若在合同履行期间出现设计图纸（含设计变更）与招标工程量清单任一项目的特征描述不符，且该变化引起该项目工程造价增减变化的，应按照实际施工的项目特征，按本规范第 9.3 节相关条款的规定重新确定相应工程量清单项目的综合单价，并调整合同价款。"

案例 36：在工程结算过程中，如何正确扣减甲方供应材料的费用？

1. 事实阐述

某地产项目合同约定瓷砖、外墙石材、门窗为甲方供应材料。目前双方确认的

（含甲供）结算价含税金额为 15890.75 万元（除税金额为 14578.67 万元，税金为 1312.08 万元），其中甲供材料为 789.89 万元（除税金额）。双方就最终结算甲供材料应按 [789.89×(1＋9％)] 还是 [789.89×(1＋13％)] 扣减存在重大分歧。

2. 造价争议

【承包人立场】

根据工程造价的计价税率 9％ 扣减甲供材料，最终结算金额为：（14578.67－789.89）×(1＋9％)＝15029.77（万元）。原结算中甲供材料金额为：789.89×(1＋9％)＝860.98（万元），若按建设单位方式扣减应为：789.89×(1＋13％)＝892.58（万元），施工单位将损失 31.6 万元，即 860.98－892.58＝－31.6（万元）。

【发包人立场】

按照实际采购税率 13％ 扣减甲供材料，最终结算金额为：15890.75－789.89×(1＋13％)＝14998.17（万元）。理由是若按施工单位方式结算，发包人支出：15029.77＋789.89×(1＋13％)＝15922.35（万元），多支出：15922.35－15890.75＝31.60（万元）。

3. 案例解析

对于营业税改增值税后的一般计税项目，根据《住房城乡建设部办公厅关于做好建筑业营改增建设工程计价依据调整准备工作的通知》（建办标〔2016〕4 号），工程造价计算应采用"价税分离"的计价形式。本工程招投标及合同均按"价税分离"方式计价，甲供材扣减也应遵循此规则。如果按照 13％ 税率扣减甲供材费用，承包人按 9％ 税率开具发票，将导致承包人价格减少，直接造成利润损失 28.99 万元（不含附加税费）。

发包人作为一般纳税人，多支出的 31.60 万元为可抵扣税额，增值税缴纳额减少 31.60 万元，不会减少项目利润，反而因增值税缴纳额降低而减少附加税费成本，使利润增加。

甲供材料应按除税金额扣减，最终结算价应为：（14578.67－789.89）×(1＋9％)＝15029.77（万元）。甲供材料保管费可按合同约定比例计算。如未约定，可参照清单计价规范及项目所在地相关规定协商确定。

营业税改增值税以后，甲方供应材料不应计入合同价款，因为营业税改增值税需要"三流一致"，即合同约定价款必须与付款开票价款对应一致。本项目中从合同中把甲方供应材料扣回的做法是错误的，但是项目实际已经发生，正确扣减解决争议是合理的方案。

4. 相关依据

（1）依据《住房城乡建设部办公厅关于做好建筑业营改增建设工程计价依据调整准备工作的通知》（建办标〔2016〕4 号）第二条："按照前期研究和测试的成果，工程造价可按以下公式计算：工程造价＝税前工程造价×(1＋11％)。其中，11％ 为建筑业拟征增值税税率，税前工程造价为人工费、材料费、施工机具使用费、企业管理费、利润和规费之和，各费用项目均以不包含增值税可抵扣进项税额的价格计算，相应计价依据按上述方法调整。"

（2）依据《住房城乡建设部办公厅关于调整建设工程计价依据增值税税率的通知》（建办标〔2018〕20号）："按照财政部、税务总局关于调整增值税税率的通知（财税〔2018〕32号）要求，现将《住房城乡建设部办公厅关于做好建筑业营改增建设工程计价依据调整准备工作的通知》（建办标〔2016〕4号）规定的工程造价计价依据中增值税税率由11％调整为10％。"

（3）依据《住房和城乡建设部办公厅关于重新调整建设工程计价依据增值税税率的通知》（建办标函〔2019〕193号）："按照《财政部、税务总局、海关总署关于深化增值税改革有关政策的公告》（财政部、税务总局、海关总署公告2019年第39号）规定，现将《住房城乡建设部办公厅关于调整建设工程计价依据增值税税率的通知》（建办标〔2018〕20号）规定的工程造价计价依据中增值税税率由10％调整为9％。"

（4）依据《财政部、税务总局、海关总署关于深化增值税改革有关政策的公告》（财政部、税务总局、海关总署公告2019年第39号）第一条："增值税一般纳税人（以下称纳税人）发生增值税应税销售行为或者进口货物，原适用16％税率的，税率调整为13％；原适用10％税率的，税率调整为9％。"

（5）依据《建设工程工程量清单计价规范》（GB 50500—2013）条文说明第5.2.5条第5款："总承包服务费。招标人应根据招标文件中列出的内容和向总承包人提出的要求参照下列标准计算：……3）招标人自行供应材料的，按招标人供应材料价值的1％计算。"

案例37：灰土垫层所使用的黄土为现场开挖土方，是否应扣除材料费？

1. 事实阐述

某厂房项目地面设计采用3∶7灰土垫层，厚度300mm。招标文件规定采用清单计价，投标时承包人依据预算定额报价。所套用的预算定额子目中灰土垫层包含黄土价格。结算时，发包人认为灰土垫层使用的是现场原挖土方剩余土，未外购黄土，要求在清单价格中扣除黄土材料费。承包人则认为无实质性变更，综合单价不应调整，双方因此产生争议。

2. 造价争议

🔁【承包人立场】

报价中的材料费由承包人自主确定，双方认可的综合单价为固定值，未发生变更则不予调整。招标清单中项目特征描述的回填土运距和土方来源是结合现场情况综合考虑的，采用挖土期间的剩余土方回填属正常操作。若黄土无法在施工现场利用，发包人需考虑外运费用，既然节省了外运开支，则不应扣除黄土材料费。

👥【发包人立场】

厂房地面面积为40000m²，垫层厚度为300mm，黄土用量为12000m³。按20元/m³

计算，应扣减 24 万元。节省的外运费不足以弥补扣减金额，结算时应考虑调整该项费用。土方材料归发包人所有，等同于甲供材料。报价中已计取相关费用，实际未产生购买支出，据实结算时应扣除该项黄土价格。

3. 案例解析

承包人套用的预算定额子目中包含黄土价格，是基于定额编制时对常规施工情况的考虑。但在实际施工中，使用现场开挖土方替代外购黄土，与定额设定的条件有所不同。定额的作用是为计价提供参考，当实际情况与定额条件不符时，不能简单地依据定额来确定费用是否应调整，需综合分析。

若合同明确约定采用固定综合单价，在没有合同约定的调整情形出现时，承包人有权维持综合单价不变。本案例中，承包人基于此主张不扣除黄土材料费有一定合理性。招标清单中关于回填运距和土方来源的描述，未明确限定必须使用外购黄土，那么承包人使用现场剩余土方回填可视为符合清单要求。

4. 相关依据

依据招投标报价、施工现场场地使用规划、承包人实际作业方法，以及地方政府颁布的土方相关规定，具体如下。

（1）依据《深圳市土石方工程管理办法》（深府〔1999〕5号）第五条："土地使用权人应当按照土地使用权出让合同的规定和城市规划的要求开发、利用土地，必须采取措施保护其使用范围内的水土资源，并负责治理人为活动造成的水土流失。"

（2）依据建设项目市场通用规则和土方运输成本，结合本项目土方回填争议的焦点，从公众角度分析得出结论。

第二章

施工过程管理争议

第一节　施工工期争议

案例 38：材料价差调整应按计划工期还是实际工期计算？

1. 事实阐述

某产业园项目合同专用条款中关于物价波动引起的价格调整规定如下："施工期（不含承包人原因导致的延误工期）价格按照工程所在地区发布的工程造价信息算术平均值计算。"施工期分为两个节点：节点 1 为垫层施工至结构封顶，节点 2 为二次结构开始至项目完工。主体结构完工后，承包人提交价差调整费用报告，其中钢筋的施工期按计划工期计算，平均价格为 4206.89 元/t。然而，发包人审核时按实际工期计算，得出 4108.96 元/t，因此双方产生争议。

2. 造价争议

【承包人立场】

结构施工期延误系发包人变更所致，不应全部归责于承包人。即便属承包人责任，根据合同约定，承包人原因导致的工期延误应予以排除，仍应按原定工期的算术平均价 4206.89 元/t 进行价差调整。

【发包人立场】

根据《建设工程工程量清单计价规范》（GB 50500—2013）第 9.8.3 条规定，因承包人原因造成工期延误时，应采用计划进度日期与实际进度日期中较低者计算，并按实际工期内钢筋价格算术平均值 4108.96 元/t 进行价差调整结算。

3. 案例解析

此争议解决的关键有两个：一是工期延误到底是谁的责任；二是对承包人原因导

致延误的工期除外的理解。

（1）工期延误责任。

根据承包人的说法，工期延误是由变更引起的。承包人需就以下方面进行举证：是否在合同约定期限内提出工期顺延申请？变更引起的工期变化是否对关键路径造成影响？发包人若认为延误原因在于承包人，也应提供相应理由。

（2）对承包人原因导致延误的工期除外的理解。

例如：计划工期为9个月，实际工期为12个月。若3个月延误由承包人原因造成，则不计入工期，仍按计划工期9个月计算；若非承包人原因造成，则计入工期，按12个月计算。

综上所述，若工期延误系非承包人原因，则按原计划工期算术平均价4206.89元/t进行价差调整；若工期延误系承包人原因，则按实际工期算术平均价4108.96元/t进行价差调整。发包人提出按照清单计价规范第9.8.3条进行价差结算与合同约定不一致，应按照合同约定执行。

4. 相关依据

（1）依据《建设工程工程量清单计价规范》（GB 50500—2013）第9.8.3条："发生合同工程工期延误的，应按照下列规定确定合同履行期的价格调整：1. 因非承包人原因导致工期延误的，计划进度日期后续工程的价格，应采用计划进度日期与实际进度日期两者的较高者。2. 因承包人原因导致工期延误的，计划进度日期后续工程的价格，应采用计划进度日期与实际进度日期两者的较低者。"

（2）依据《中华人民共和国民法典》第四百六十五条："依法成立的合同，受法律保护。依法成立的合同，仅对当事人具有法律约束力，但是法律另有规定的除外。"

（3）可借鉴《建设工程工程量清单计价标准》（GB/T 50500—2024）中，第8.7.4条："合同工程出现工期延长的，应按下列规定确定及调整合同履行期由于物价变化影响的价格：1. 因发包人原因引起工期延长的，计划进度日期后续工程的价格，采用计划进度日期与实际进度日期两者的较高者；2. 因承包人原因引起工期延长的，计划进度日期后续工程的价格，采用计划进度日期与实际进度日期两者的较低者；3. 因非发承包双方原因引起工期延长的，计划进度日期后续工程的价格应按本标准第8.7.2条的规定调整，合同另有约定或法律法规及政策另有规定除外。"

案例39：按质量验收还是竣工验收的日期 开始计算绿化养护期？

1. 事实阐述

某工程项目采用清单计价，投标报价以套用预算定额的方式计价。清单中苗木养护期的项目特征描述养护期为6个月。承包人认为应以质量验收时间点计算，而发包人则主张应以竣工验收合格之日起计算。因此，发包人与承包人就苗木养护期计算起点产生了争议。

2. 造价争议

【承包人立场】

根据规范规定，绿化养护是指植物栽植后至分项工程质量验收合格期间的养护管理。这不应理解为竣工验收合格，而应为分项工程质量验收合格。依据园林定额中绿化植物成活保养的相关规定，绿化工程种植期满后的 1～3 个月为成活保养期，因此应以分项工程质量验收记录的时间作为苗木养护起点。

【发包人立场】

绿化养护期的计算起点应为竣工验收合格之日起。理由如下：根据《园林绿化工程施工及验收规范》（CJJ 82—2012）第 4.15.1 条，植物在种植后至竣工验收前属于施工期间的植物养护阶段。定额中关于植物保养的说明指出，保养费已包含在定额项目中，植物验收合格后一年内的保养应另行计算费用。虽然定额未明确规定养护期的计算起点，但可参照定额执行。从分项工程质量验收记录表所载明的验收日期至工程竣工验收日期期间属于施工期的养护阶段，相关费用应包含在定额子目中。

3. 案例解析

苗木养护分为两个阶段：后期养护和保存养护。后期养护是指已经完工验收合格的绿化工程，对栽植的苗木当年成活所发生的养护费用。它发生在竣工验收之前，因为植物已经成活。保存养护是指已经竣工验收的绿化工程，苗木已经成活后进入正常养护期的养护费用。它发生在竣工验收之后，按年为单位计算。竣工验收是后期养护和保存养护的分界点，后期养护的时间截止之日正好是竣工验收之日。

本项目的争议焦点在于养护期的起始时间。从合同角度考虑，园林合同通常约定一年为养护期。植物验收合格后一年内的养护费用，在采用预算定额计价时应另行计算。无论工程量清单中项目特征如何描述，承包方都应在竣工验收时确保苗木存活，因为后续还需保证一年的售后养护。

如遇特殊情况，可向发包方索赔。例如，苗木种植完毕后，发包人延迟竣工验收，致使后期养护成本增加，此时可根据申报至竣工验收的时间节点证据，查明延迟原因，向发包人索取实际增加的成本费用。

绿化工程的养护期是从竣工验收合格后开始计算的，而不是从初步验收或质量验收合格后开始。这确保了植物有足够的时间适应环境并展现其预期的景观效果，同时也为全面评估工程质量提供了必要的时间。

4. 相关依据

根据园林绿化相关验收规范、预算定额说明、本项目合同约定及中标清单价格进行综合考虑。相关依据如下。

（1）依据《园林绿化工程施工及验收规范》（CJJ 82—2012）第 4.15.1 条："园林植物栽植后到工程竣工验收前，为施工期间的植物养护时期，应对各种植物精心养护管理。"该规范对于栽植工程养护的术语定义为第 2.0.13 条："园林植物栽植后至竣工验收移交期间的养护管理。"

（2）依据《广东省园林绿化工程综合定额》（2018年版）E.1.3植物保养说明第二条："植物栽植期保养已含在栽植定额项目中，植物验收合格后一年内的保养应按本章计算保养费用……"

案例40：未按竣工日期完工，仍可计算赶工措施费吗？

1. 事实阐述

该项目采用工程量清单计价方式，合同价格形式为单价合同，目前处于竣工结算阶段。项目合同和招标文件明确规定总工期为360天，但实际施工工期为445天。因此，发承包双方就是否应对超出合同工期部分计取赶工措施费产生了争议。

2. 造价争议

【承包人立场】

根据相关标准工期定额，本项目的合理工期应为763天，而实际工期压缩率达53%。招标文件未明确要求压缩工期，亦未提及赶工措施费用。在施工过程中采取了一系列赶工措施，因此，这些赶工措施应视为合同清单的漏项，发包人应当支付相应的赶工措施费。

【发包人立场】

第一，实际施工日期已超过360天，承包人在投标时未对施工工期质疑，并已对招标文件中规定的工期作出响应。第二，招标工程量清单中列明了赶工措施项目，表明招标方期望投标人在满足工期的前提下进行报价，然而赶工措施项目清单未见报价。第三，根据招标文件约定，投标人未填写单价或价格的项目，视为该费用已包含在其他工程量清单项目的单价中，应认定为竞价让利行为。因此，赶工措施费已包含在合同价格中，不应再进行调整。

3. 案例解析

根据合同约定和相关规范，发包人原则上无需额外支付赶工措施费。然而，双方可就实际发生的赶工措施进行协商，在合理范围内适当补偿，以公平解决争议。鉴于招标清单中列出了赶工措施费，而承包人未填报，可视为承包人放弃该项费用，结算时不应再提出补偿要求。

尽管实际合理工期可能超出合同约定，但合同工期作为双方在招投标阶段明确约定并签字确认的内容，应当被认定为有效。承包人在投标时未对工期提出异议，视为接受了该工期要求。根据清单计价规范，赶工措施费是指承包人应发包人要求，采取加快工程进度的措施，使合同工程工期缩短而产生的，应由发包人支付的费用。就本项目实际工期而言，承包人应提供证据证明延误原因，以申请合理的工期顺延。

综上所述，基于合同约定、招标文件规定以及司法实践，在本案例中承包人未能如期完成合同规定的竣工日期的情况下，不应计算赶工措施费。承包人应当承担因工期延误而产生的相关责任和费用。

4. 相关依据

(1) 依据《建设工程工程量清单计价规范》（GB 50500—2013）第 9.11.1 条："招标人应依据相关工程的工期定额合理计算工期，压缩的工期天数不得超过定额工期的 20％，超过者，应在招标文件中明示增加赶工费用。"

(2) 依据《建设工程质量管理条例》（2019 年修订）第十条："建设工程发包单位不得迫使承包方以低于成本的价格竞标，不得任意压缩合理工期。建设单位不得明示或者暗示设计单位或者施工单位违反工程建设强制性标准，降低建设工程质量。"

(3) 参考凤阳县人民法院发布的《关于赶工费承担的相关裁判规则汇总》案例总结：赶工费用的承担在实务中的认定，首先要看合同是否约定，如合同对赶工及赶工费有明确约定，承包人按照相关约定进行了赶工，发包方需按照合同约定支付赶工费，但是合同中虽约定了赶工费，工程未完工或者承包人并非按照要求赶工的，法院对赶工费的主张一般不予支持。合同未对赶工费进行约定或者约定不明，对于赶工费的主张，法院一般不予支持。但是在合同履行过程中，承包人按照发包人的要求赶工或双方就赶工协商一致的，又或者存在事实上的施工关系，且有证据证明赶工事实存在，发包人应当支付赶工费。对于赶工费的发生，承包人要提供证据证明，证据不足的，法院一般不予支持。

(4) 可借鉴《建设工程工程量清单计价标准》（GB/T 50500—2024）第 8.1.7条："工期变化引起的合同价格调整，发承包双方应按本标准第 8.2 节～第 8.11 节的相关规定处理。"

案例 41：合同约定工期延误仅可顺延工期，承包人
能否获得经济补偿？

1. 事实阐述

本项目原定于 2022 年 8 月 16 日开工，计划于 2022 年 11 月 10 日竣工。后因发包方原因，竣工日期调整至 2023 年 10 月 1 日。期间，承包人两次接到监理单位的停工指令，累计停工 10 个月。原定工期为 3 个月，而实际停工时间远超原定工期。招标文件规定，因招标方原因导致的工期延误仅可顺延工期，不予经济补偿。承包方认为停工时间超出投标时预期的合理范围，双方就是否应计算停工损失费产生分歧。

2. 造价争议

🎣【承包人立场】

根据省造价管理规定和工程量清单计价规范，发包人不得采用无限风险或所有风险等方式规避自身责任。同时，根据《中华人民共和国民法典》第八百零四条之规定，因发包人原因导致工程中途停建或缓建，发包人应采取措施弥补或减少损失，并赔偿承包人因此造成的损失和实际费用。

【发包人立场】

虽然合同通用条款规定因发包人原因导致的暂停施工，承包人可要求增加相应费用或顺延工期，但招标文件明确约定，因招标人原因造成的工期延误，承包人仅可申请顺延工期，不得进行经济索赔。根据合同文件的解释顺序，招标文件优先于合同条款，故仅同意顺延工期，不予考虑经济索赔。

3. 案例解析

本项目合同通用条款明确约定：因发包人原因导致暂停施工的，承包人有权要求增加合同价款或顺延工期。承包人可根据相关计算依据与凭证，就人工窝工费、机械停滞费、周转材料租赁费用增加，工期延误产生的管理费增量，及预期利润损失等事项提出索赔。索赔程序方面，承包人应主动与发包人协商索赔事宜，力争达成一致。若协商未果，可委托第三方调解机构介入调解。若协商与调解均无法解决争议，承包人可根据合同约定的仲裁条款申请仲裁，或直接向有管辖权的人民法院提起诉讼，通过法律途径维护自身合法权益。

在本案例中，监理工程师指令停工 10 个月，已超出常规可预见的风险范围。应考虑承包人在停工期间的损失程度，以及合同中约定的该项风险是否会对承包人的重大利益产生影响。例如，若停工导致承包人整个项目亏损，可视为情势变更，继续履行合同对一方当事人明显不公平。如果因停工导致承包人重大损失，承包人可根据民事诉讼法第六十七条"谁主张谁举证"的原则举证向发包人请求费用索赔。

4. 相关依据

（1）依据《中华人民共和国民法典》第五百三十三条："合同成立后，合同的基础条件发生了当事人在订立合同时无法预见的、不属于商业风险的重大变化，继续履行合同对于当事人一方明显不公平的，受不利影响的当事人可以与对方重新协商；在合理期限内协商不成的，当事人可以请求人民法院或者仲裁机构变更或者解除合同。"

第八百零四条："因发包人的原因致使工程中途停建、缓建的，发包人应当采取措施弥补或者减少损失，赔偿承包人因此造成的停工、窝工、倒运、机械设备调迁、材料和构件积压等损失和实际费用。"

（2）依据《建设工程工程量清单计价规范》（GB 50500—2013）第 3.4.1 条："建设工程发承包，必须在招标文件、合同中明确计价中的风险内容及其范围，不得采用无限风险、所有风险或类似语句规定计价中的风险内容及范围。"

（3）依据《中华人民共和国招标投标法》第四十六条："招标人和中标人应当自中标通知书发出之日起三十日内，按照招标文件和中标人的投标文件订立书面合同。招标人和中标人不得再行订立背离合同实质性内容的其他协议……"因此，即使合同协议书签署在后，在合同文件的优先顺序中排名在前，但其条款如果背离招标文件和投标文件中约定的合同实质性内容的，应认定无效，以招标文件和投标文件中约定的合同实质性内容为准。

（4）可借鉴《建设工程工程量清单计价标准》（GB/T 50500—2024）中，第3.3.1 条："建设工程的施工发承包，应在招标文件、合同中明确计量与计价的风险内容及其范围，不得采用无限风险、所有风险或类似语句约定工程计量与计价中的风险内容及范围。"

（5）依据《中华人民共和国民事诉讼法》第六十七条规定："当事人对自己提出的主张，有责任提供证据。"

案例 42：承包人如何应对因工程款未及时支付而导致的停工损失？

1. 事实阐述

2022 年 5 月，某建筑集团公司与某开发公司签订施工合同，由承包人承建发包人的商住楼项目。承包范围包括土建工程、粗装修工程和水电安装工程等。合同约定按完成形象进度付款，地下室结构顶板完成后支付已完产值的 80%。顶板以上部分按形象进度支付已完产值的 80%，竣工验收支付至 90%，结算完成支付至 97%。

项目正常开工，承包人采取赶工措施施工至 2023 年 1 月 29 日，但地下室 $11000m^2$ 中约 $200m^2$ 顶板未浇筑完成。因承包人未全部完成合同约定的地下室结构顶板施工节点，发包人未向承包人付款，导致承包人已完工的地下室施工部分均为垫资施工，造价约 2600 万元。承包人因春节前未收到工程款无力支付劳务工人工资及工程材料款，春节后劳务分包人拒绝开工，考虑到建设方售房情况不佳，可能会导致资金链断裂，因此承包人采取停工措施。发包人及监理工程师多次催促恢复施工后，承包人仍未能复工。发包人依约于 2023 年 4 月向承包人主张解除合同，并发出退场通知。承包人追讨工程款无果，遂将发包人起诉至法院，主张对已完工程进行结算，并要求 720 万元工程索赔费用。

2. 造价争议

【承包人立场】

春节前，已完成付款里程碑节点的工程部分全力赶工，最终仅剩约 $200m^2$ 顶板未完成，基本达到付款条件。鉴于临近春节，需向材料供应商和工人支付款项，承包人面临较大资金压力。考虑客观情况，发包人应支付工程款；若不予支付，可能导致承包人资金链断裂，无法继续履行合同。

此外，未完成部分系因发包人变更造成延误，并非承包人原因。承包人原本可按原施工图完成施工节点。基于公平合理原则，发包人应予以付款，并承担停工后产生的实际损失。

【发包人立场】

承包人未经发包人同意擅自停工，构成重大违约，应按合同约定承担违约责任。承包人未按合同约定完成施工节点，不符合发包人支付工程进度款的条件，发包人可拒绝付款。即使发包人按约定未支付工程款，承包人仍需按约定程序履约，擅自停工者应按合同约定承担违约责任。

3. 案例解析

在本工程案例中，截至承包人提起诉讼时，发包人并未存在违约行为，且在承包人实际停工后履行了催促复工的善意沟通义务，本身不存在过错。然而，承包人在履约过程中存在以下几个关键问题。

（1）承包人对发包人资金链断裂的判断缺乏合理证据支持，仅凭主观臆测，缺乏客观性和正当性。相比之下，发包人在承包人擅自停工后多次催促其恢复施工，承包人仍未复工的情况下要求其退场，具有合规性和正当性。

（2）即使发包人确实资金链断裂，承包人也应当收集充分证据证明发包人丧失或可能丧失履行债务能力，以合法主张不安抗辩权，请求中止履行，但仍需遵循法定或约定程序。

（3）发包人无提前支付义务。即便承包人确实无力继续垫资，也应通过协商争取发包人谅解，尽量协调提前支付部分款项，以确保工程施工进度，实现双方利益共赢。

（4）承包人应在施工达到付款节点后申请支付工程进度款。若此后发包人未按约支付，则构成发包人根本违约，承包人可依法依约主张实际损失。本案例中违约方为承包人，无权就其损失向发包人索赔；反之，发包人可向承包人提出索赔。

（5）本案例争议焦点在于认定哪一方构成根本性违约。尽管承包人为确保春节前完成付款节点里程碑进行了赶工，但实际未完成，不具有要求发包人付款的正当性。且承包人在施工未达到合同约定付款节点时擅自停工，构成根本违约。

本案例履约管理的关键在于如何正确行使索赔权，将承包人违约转变为发包人违约。否则，承包人主张的720万元索赔费用可能得不到支持，不仅丧失索赔权利，还可能面临发包人的反索赔。承包人如何履约、如何索赔，一念之差可能导致全盘皆输。

4. 相关依据

（1）依据《中华人民共和国民法典》第五百二十七条："应当先履行债务的当事人，有确切证据证明对方有下列情形之一的，可以中止履行：（一）经营状况严重恶化；（二）转移财产、抽逃资金，以逃避债务；（三）丧失商业信誉；（四）有丧失或者可能丧失履行债务能力的其他情形。当事人没有确切证据中止履行的，应当承担违约责任。"

第五百八十二条："履行不符合约定的，应当按照当事人的约定承担违约责任。对违约责任没有约定或者约定不明确，依据本法第五百一十条的规定仍不能确定的，受损害方根据标的的性质以及损失的大小，可以合理选择请求对方承担修理、重作、更换、退货、减少价款或者报酬等违约责任。"

（2）依据《建设工程施工合同（示范文本）》（GF-2017-0201）的通用条款第16.1.1条："在合同履行过程中发生的下列情形，属于发包人违约：……（2）因发包人原因未能按合同约定支付合同价款的；……"发包人收到承包人通知后28天内仍不纠正违约行为的，承包人有权暂停相应部位工程施工，并通知监理人。

案例 43：发生工期延误时承包人未及时办理工期签证单，责任由谁承担？

1. 事实阐述

某服务楼建设项目合同约定开工日期为 2019 年 12 月 25 日，竣工日期为 2021 年 10 月 30 日。工程实际竣工日期为 2022 年 11 月 10 日，工期延误 376 天。承包人在竣工验收后向发包人提交了工程竣工结算书。财政审核后，根据合同约定：每延误一天罚款 1 万元，拟扣除承包人工期违约金 376 万元。发承包人在结算过程中，就工期延误责任和应承担的违约金产生争议。

2. 造价争议

【承包人立场】

工程开工后，项目因征地等问题导致施工现场无法正常施工。同时，发包人未能及时确定地基检测单位，致使天然基础地基检测无法进行。此外，新冠疫情这一不可抗力因素导致春节后项目停工超过一个月。

施工过程中，由于采用非常规设计方案，出现较多设计错误和变更。设计单位补充设计或变更文件的出具严重滞后，致使施工现场频繁处于半停工状态。

工程完工后，发包人负责的部分工程检测报告未及时出具，影响资料闭合和主体工程分部验收。此外，发包人迟迟未确定消防检测单位，导致消防工程检测无法进行，影响项目竣工联合验收。

上述问题均在会议纪要、工程联系单等文件中多次提出，但未得到有效解决。鉴于工期延误原因客观明确，且承包人在施工过程中通过正式文件持续提出诉求，故主张工期延误责任应由发包人承担。

【发包人立场】

工期延误完全由承包人不当的施工组织和严重滞后的施工进度导致。在施工过程中，监理工程师多次要求承包人加快施工进度并增加工人数量，但承包人一直未有显著改善。对于延误的工期，承包人也未采取实质性的赶工措施。工期延误事件发生后，承包人未提交工期顺延申请报告。鉴于工期延误完全由承包人自身原因造成，竣工结算造价应当扣除因承包人工期延误而产生的违约金。

3. 案例解析

在上述案例中，发包人和承包人可能均存在工期延误的情况。工期延误的责任归属及顺延天数应通过分析各种延误事件的关联性来确定。工期延误通常是单一延误、共同延误和交叉延误的综合影响。经查证，该案例自工程开工后，前期受征地、新冠疫情、地基检测等因素影响，持续影响工期达 120 天。虽然施工期间存在承包人进度缓慢的情况，但主要原因是发包人无法提供工作面和不可抗力的新冠疫情影响。初始延误原因在发包人，该阶段工期延误责任应由发包人承担。

后期设计变更迟迟未能提供，导致承包人施工处于窝工待工状态，工人流失后又出现人员不足。监理工程师认为现场进度缓慢，实则是设计变更延误造成的。其中部分设计变更涉及关键线路工作，实际综合延误约 90 天。尽管如此，承包人于 2022 年 1 月 30 日完成合同约定的所有工作，安全监督站下发《终止施工安全监督书》，表明现场实际完工。根据应予顺延后的修正竣工日期，承包人并未发生延误。发包人随即正式接收并使用了该工程。

虽然承包人在实际可顺延后的工期内完成施工任务，具备竣工验收条件，但直到 2022 年 11 月 10 日才组织并完成竣工验收，实际工期还延误了 166 天。经进一步了解，施工过程中应由发包人负责的部分工程检测项目报告未及时出具，影响主体工程分部验收。发包人委托的消防检测单位未确定，导致消防检测无法进行，影响竣工联合验收。工程完工后无法进行竣工验收是发包人原因造成的，故后期被延误的工期为发包人责任，工期应予顺延。

4. 相关依据

（1）依据《最高人民法院关于审理建设工程施工合同纠纷案件适用法律问题的解释（一）》（法释〔2020〕25 号）第十条规定："当事人约定顺延工期应当经发包人或者监理人签证等方式确认，承包人虽未取得工期顺延的确认，但能够证明在合同约定的期限内向发包人或者监理人申请过工期顺延且顺延事由符合合同约定，承包人以此为由主张工期顺延的，人民法院应予支持。当事人约定承包人未在约定期限内提出工期顺延申请视为工期不顺延的，按照约定处理，但发包人在约定期限后同意工期顺延或者承包人提出合理抗辩的除外。"

（2）依据《建设工程施工合同（示范文本）》（GF-2017-0201）通用条款第 7.5.1 条："在合同履行过程中，因下列情况导致工期延误和（或）费用增加的，由发包人承担由此延误的工期和（或）增加的费用，且发包人应支付承包人合理的利润：……（2）发包人未能按合同约定提供施工现场、施工条件、基础资料、许可、批准等开工条件的；……"

案例 44：未竣工验收就投入使用的项目，误期赔偿金额应如何计算？

1. 事实阐述

一个市政项目在结算时就工期延误赔偿金额的计算发生争议，具体情况如下。

合同总造价为 3656 万元，施工内容包括：旧桥拆除并在原址新建 1# 桥、新建 2# 桥、道路拓宽改造、道路照明及交通灯工程。合同约定的误期赔偿条款为："工期每拖延一天，向甲方支付结算价款的 1‰（千分之一）的违约赔偿金。延误工期的违约赔偿累计最高不超过建安费总额的 3%（百分之三）。"

施工图分为四册：第一册为桥梁工程（包括老桥拆除和 2 座新桥梁的施工图），第二册为道路工程，第三册为给排水工程，第四册为电气工程（包括道路照明工程和交通灯工程）。

合同计划开工时间为 2020 年 3 月 16 日，计划竣工时间为 2021 年 3 月 15 日，合同工期 364 天。工程实际开工时间为 2020 年 3 月 20 日。交通灯工程于 2021 年 9 月 30 日完工并交付使用，实际工期 559 天，工期延误 195 天。其他工程均在 2021 年 3 月 15 日前完工并实际交付使用。

财政评审后的结算价为 3578 万元（其中交通灯工程 72 万元）。

就误期赔偿计算基数，双方产生争议：发包人主张按照结算价 3578 万元为基数计算误期赔偿，承包人主张按照 72 万元为基数计算误期赔偿。

2. 造价争议

【承包人立场】

大部分工程按期完成并交付建设单位，且已经实际使用，应当属于擅自使用，该时间节点就应当作为竣工时间。只有造价共计 72 万元的交通灯工程是延期完工交付，而且责任也不完全在承包人，一部分责任是发包人变更和认质认价的原因造成，其中最迟的一份变更在 2021 年 5 月 20 日签发。为尽快推进最终结算，承包人采取让步方式，按照交通灯工程造价 72 万作为基数计算误期赔偿，即 $72 \times 1‰ \times 195 = 14.04$（万元）。

【发包人立场】

本合同为一个整体，承包人没有按照施工进度计划在 2021 年 1 月 15 日开始交通灯工程，致使整体工期延误 195 天，提前使用的部分工程已经过承包人同意，不属于擅自使用。误期赔偿费用应按照合同约定按照结算价款为基数进行计算，以双方确定的结算价为基数计算误期赔偿费用，即 $3578 \times 3‰ = 107.34$（万元）。

3. 案例解析

《中华人民共和国建筑法》《中华人民共和国民法典》《建设工程质量管理条例》强调建设工程必须经验收合格方可使用，主要是考虑到不合格工程在使用过程中可能引发事故，造成重大人员伤亡和财产损失。"擅自使用"的判定标准是工程是否通过竣工验收并确认合格。即使承包人同意移交未经竣工验收合格的工程给发包人使用，发包人的行为仍属于擅自使用，其违法性质不因承包人同意而改变。

本工程中，1♯桥梁工程、2♯桥梁工程、市政道路工程等已实际投入使用，应以转移占有的时间作为该部分工程的竣工时间。工期延误赔偿金属于补偿性违约金，旨在弥补守约方的损失。鉴于 1♯桥梁工程、2♯桥梁工程、市政道路工程等已实际投入使用，未对发包人造成损失，以此为基数计算违约金有失公允。

变更增加工程量可能影响工期，询价定价迟延需具体分析原因。建议审查承包人是否在合同约定期限内提出延期申请，对于非承包人原因造成的工期延误，双方应协商确认。误期赔偿建议按照以下公式计算：$72 \times 1‰ \times (195 -$ 双方确认的工期顺延天数$)$。

4. 相关依据

（1）依据《最高人民法院关于审理建设工程施工合同纠纷案件适用法律问题的解释（一）》（法释〔2020〕25 号）第九条："当事人对建设工程实际竣工日期有争议

的，人民法院应当分别按照以下情形予以认定：（一）建设工程经竣工验收合格的，以竣工验收合格之日为竣工日期；（二）承包人已经提交竣工验收报告，发包人拖延验收的，以承包人提交验收报告之日为竣工日期；（三）建设工程未经竣工验收，发包人擅自使用的，以转移占有建设工程之日为竣工日期。"

第十条："当事人约定顺延工期应当经发包人或者监理人签证等方式确认，承包人虽未取得工期顺延的确认，但能够证明在合同约定的期限内向发包人或者监理人申请过工期顺延且顺延事由符合合同约定，承包人以此为由主张工期顺延的，人民法院应予支持。当事人约定承包人未在约定期限内提出工期顺延申请视为工期不顺延的，按照约定处理，但发包人在约定期限后同意工期顺延或者承包人提出合理抗辩的除外。"

（2）依据《中华人民共和国建筑法》第六十一条："交付竣工验收的建筑工程，必须符合规定的建筑工程质量标准，有完整的工程技术经济资料和经签署的工程保修书，并具备国家规定的其他竣工条件。建筑工程竣工验收合格后，方可交付使用；未经验收或者验收不合格的，不得交付使用。"

（3）依据《中华人民共和国民法典》第七百九十九条："建设工程竣工后，发包人应当根据施工图纸及说明书、国家颁发的施工验收规范和质量检验标准及时进行验收。验收合格的，发包人应当按照约定支付价款，并接收该建设工程。建设工程竣工经验收合格后，方可交付使用；未经验收或者验收不合格的，不得交付使用。"

（4）依据《建设工程质量管理条例》（2019 年修订）第十六条："建设单位收到建设工程竣工报告后，应当组织设计、施工、工程监理等有关单位进行竣工验收。建设工程竣工验收应当具备下列条件：（一）完成建设工程设计和合同约定的各项内容；（二）有完整的技术档案和施工管理资料；（三）有工程使用的主要建筑材料、建筑构配件和设备的进场试验报告；（四）有勘察、设计、施工、工程监理等单位分别签署的质量合格文件；（五）有施工单位签署的工程保修书。建设工程经验收合格的，方可交付使用。"

（5）依据《建设工程工程量清单计价规范》（GB 50500—2013）第 2.0.26 条："承包人未按照合同工程的计划进度施工，导致实际工期超过合同工期（包括经发包人批准的延长工期），承包人应向发包人赔偿损失的费用。"

第 9.12.1 条："承包人未按照合同约定施工，导致实际进度迟于计划进度的，承包人应加快进度，实现合同工期。合同工程发生误期，承包人应赔偿发包人由此造成的损失，并应按照合同约定向发包人支付误期赔偿费。即使承包人支付误期赔偿费，也不能免除承包人按照合同约定应承担的任何责任和应履行的任何义务。"

第 9.12.2 条："发承包双方应在合同中约定误期赔偿费，并应明确每日历天应赔额度。误期赔偿费应列入竣工结算文件中，并应在结算款中扣除。"

第 9.12.3 条："在工程竣工之前，合同工程内的某单项（位）工程已通过了竣工验收，且该单项（位）工程接收证书中表明的竣工日期并未延误，而是合同工程的其他部分产生了工期延误时，误期赔偿费应按照已颁发工程接收证书的单项（位）工程造价占合同价款的比例幅度予以扣减。"

（6）可借鉴《建设工程工程量清单计价标准》（GB/T 50500—2024）第 2.0.33 条："承包人未按照合同工程的计划进度施工，引起实际工期超出合同工期或分期竣工工程的合同工期（包括经发包人批准的延长工期），承包人按合同约定应向发包人赔偿损失的费用。对合同约定采取分期竣工和移交的工程，误期赔偿费是指根据相关工程的工期延误时间按合同约定计算的相关赔偿费用。"

案例45：在延期开工又发生设计变更的情况下，如何调整合同价格？

1. 事实阐述

北京市某住宅工程通过招投标签订了单价合同。合同约定2019年5月开工，工期为18个月。由于一期工程销售情况不佳，项目迟迟未能开工。2021年5月，发包人通知开工后，承包人收到施工图纸时发现项目户型和园区规划均发生重大变化：原工程为8栋24层，包含2居室和3居室两种户型；现图纸显示5栋楼户型变为大两居和小两居，其余3栋虽仍为2居室和3居室，但房间布局和面积也有所变化。

因合同中约定措施费按建筑面积包干，收到此次变化后的施工图纸，承包人提出多项价格调整要求，发包人以合同约定本工程为综合单价合同为由，认为承包人应充分考虑各种风险，无论发生何种情况，综合单价均不应调整。

2. 造价争议

⛴【承包人立场】

工程延期开工两年，人工、材料及机械价格发生了巨大变化，继续按原清单综合单价执行将低于成本。原中标图纸模板含量为 $2.96m^2/m^2$，而实际施工图的模板含量为 $3.26m^2/m^2$。继续按原有措施费建筑面积包干计算不合理，应当据实调整。根据《建设工程施工合同（示范文本）》（GF-2017-0201）第7.3.2条，发包人延期开工超过90天，承包人可提出调整合同价款的要求。申请价格调整如下。

（1）将原投标报价的综合单价中人工、材料、机械价格按2021年5月的信息价调整。

（2）对清单中没有的项目，按照施工价格重新组价。

（3）原合同中措施费按建筑面积包干，因户型改变需要据实调整。

👥【发包人立场】

对于承包人提出的合同价款调整要求，同意其中第2条"清单中未列项目按施工价格重新组价"的申请。鉴于本工程合同约定为综合单价合同，承包人应充分考虑各种风险，任何情况下综合单价均不予调整。因此，不同意承包人提出的第1条和第3条调整要求。

3. 案例解析

合同约定2019年5月开工，工期18个月，承包人应承担2019年5月至2020年11月的物价变化风险。然而，因发包人原因导致工程延至2021年5月开工，要求承包人承担2021年5月至2022年11月的物价风险，有违公平原则。通过比较2019年5月与2021年5月北京市工程造价信息中人工材料的价格可见，钢筋和电缆价格涨幅显著。具体数据分析如表 2-1 所示。

表 2-1　人工材料价格对比分析

项目名称	单位	2019 年 5 月价格/元	2021 年 5 月价格/元	涨幅
建筑工程人工	工日	110～120	125～142	13.6%～18.3%
钢筋 Φ22 Ⅲ级	t	3956	5634	42.4%
混凝土 C30	m³	456	485	6.4%
交联聚乙烯绝缘聚氯乙烯护套电力电缆 YJV 3×4+1×2.5	km	10628	15930	49.9%

合同约定本工程为综合单价合同，承包人已充分考虑各种风险，发生任何情况时，综合单价均不予调整。若因发包人原因延期开工，根据《建设工程施工合同（示范文本）》（GF-2017-0201）第 16.1.1 条的相关规定，属于发包人违约，发包人违约所造成的损失不应包含在承包人需考虑的风险之内。

招标图纸与实际施工图存在差异，构成图纸变更，应按照合同约定的变更估价原则计算措施费。根据《建设工程工程量清单计价规范》（GB 50500—2013）第 9.3.2 条的规定，工程变更引起施工方案改变并导致措施项目发生变化时，应详细说明与原方案措施项目相比的变化情况，并对变化部分进行调整。模板含量由 2.96m²/m² 增加至 3.26m²/m² 的调整应基于图纸变更进行。

具体分析如下。

（1）物价变化风险：因未按期开工导致的人材机涨价风险，由发承包双方对比 2019 年 5 月至 2020 年 11 月与 2021 年 5 月至 2022 年 11 月的物价变化，差额部分由发包人承担。

（2）措施变化因发包人修改图纸而产生，应当进行相应调整。调整方法应依据合同规定的变更估价原则计算。

4. 相关依据

（1）依据《建设工程工程量清单计价规范》（GB 50500—2013）第 9.3.2 条："工程变更引起施工方案改变并使措施项目发生变化时，承包人提出调整措施项目费的，应事先将拟实施的方案提交发包人确认，并应详细说明与原方案措施项目相比的变化情况。拟实施的方案经发承包双方确认后执行，并应按照下列规定调整措施项目费。"

（2）依据《建设工程施工合同（示范文本）》（GF-2017-0201）第 7.3.2 条："发包人应按照法律规定获得工程施工所需的许可。经发包人同意后，监理人发出的开工通知应符合法律规定。监理人应在计划开工日期 7 天前向承包人发出开工通知，工期自开工通知中载明的开工日期起算。除专用合同条款另有约定外，因发包人原因造成监理人未能在计划开工日期之日起 90 天内发出开工通知的，承包人有权提出价格调整要求，或者解除合同。发包人应当承担由此增加的费用和（或）延误的工期，并向承包人支付合理利润。"

第 16.1.1 条："在合同履行过程中发生的下列情形，属于发包人违约：（1）因发包人原因未能在计划开工日期前 7 天内下达开工通知的……"

第 16.1.2 条："发包人应承担因其违约给承包人增加的费用和（或）延误的工期，并支付承包人合理的利润。此外，合同当事人可在专用合同条款中另行约定发包人违约责任的承担方式和计算方法。"

（3）依据《中华人民共和国民法典》第八百零四条规定："因发包人的原因致使工程中途停建、缓建的，发包人应当采取措施弥补或者减少损失，赔偿承包人因此造成的停工、窝工、倒运、机械设备调迁、材料和构件积压等损失和实际费用。"

第五百一十三条："执行政府定价或者政府指导价的，在合同约定的交付期限内政府价格调整时，按照交付时的价格计价。逾期交付标的物的，遇价格上涨时，按照原价格执行；价格下降时，按照新价格执行。逾期提取标的物或者逾期付款的，遇价格上涨时，按照新价格执行；价格下降时，按照原价格执行。"

（4）依据中华人民共和国住房和城乡建设部令第 16 号《建筑工程施工发包与承包计价管理办法》第十四条："发承包双方应当在合同中约定，发生下列情形时合同价款的调整方法：（一）法律、法规、规章或者国家有关政策变化影响合同价款的；（二）工程造价管理机构发布价格调整信息的；（三）经批准变更设计的；（四）发包方更改经审定批准的施工组织设计造成费用增加的；（五）双方约定的其他因素。"

（5）可借鉴《建设工程工程量清单计价标准》（GB/T 50500—2024）第 8.9.5条："为完成工程变更而需增加的额外措施项目，且该费用未包括在本标准第 8.9.1条～第 8.9.4 条规定计价范围的，增加的措施项目费用应按下列规定计算：1. 完成工程变更所需增加的（现场没有的）施工机具，应按实际发生施工机具的型号、台数及其耗用台班计量，并按合同清单中的计日工清单的相关施工机具单价进行计价。若合同清单中没有相应计日工清单，可按本标准第 8.6.3 条的规定计算。2. 完成工程变更所需增加设置的（现场没有的）临时设施，应按实际发生临时设施的类型、数量及使用时间进行计量，按发承包双方协商确定的合理市场价格进行计价。"

第二节　施工措施争议

案例 46：砖渣换填方案替代原砖渣挤淤方案，结算价格是否调整？

1. 事实阐述

在某汽车小镇项目中，采用工程量清单计价方式，约定为单价合同，现处于竣工结算阶段。招标工程量清单中设置了"砖渣挤淤"的清单项目，按项包干。施工过程中，由于淤泥层过厚，工程设备无法进场，发包人组织相关单位召开会议后决定将"砖渣挤淤"方案变更为"砖渣换填"方案。承包人据此编制了砖渣换填专项方案，并获得监理和发包人的确认，但在采取砖渣换填方式的计价中产生了争议。

2. 造价争议

📚【承包人立场】

招标图纸未明确规定砖渣挤淤的具体做法，且招标工程量清单中未包含砖渣换填项目。此情况应视为清单漏项，需按新增单价重新计量计价。

👥【发包人立场】

招标清单中"砖渣挤淤"清单子目是按项计量，属包干价格。根据补充协议，基坑内存在淤泥需制定换填措施，无论承包人采用砖渣挤淤或砖渣换填，费用均应在包干价内综合考虑，不另行计价。

3. 案例解析

挤淤法是软弱地基处理的一种方法，即在路基底从中部向两侧抛投一定数量的碎石，将淤泥挤出路基范围，以提高路基强度。换填砖渣的工艺原理是处理软土地基，将不适宜作承载层的软弱土层挖除，然后用压缩性较低的建筑废料砖渣进行换填，经过分层碾压至要求的压实度。

该项目为单价合同，招标工程量清单中设置了"砖渣挤淤"清单子目，且承包人予以报价响应。然而，在施工过程中，发包人根据实际情况将"砖渣挤淤"方案变更为"砖渣换填"方案，属于工程变更。补充协议中的相关条款应理解为：投标前采用砖渣挤淤措施的费用已包含在"砖渣挤淤"报价中，或采取换填措施的费用已包含在"换填"报价中，而非指承包人采取任何换填措施的费用均在砖渣挤淤清单项中包干考虑。因此，发承包双方应按合同约定的工程变更采取新增项目清单的方法确定价格，对砖渣换填费用进行计量计价。

需要比较砖渣挤淤和砖渣换填在工作内容、难度、成本等方面的差异。如果差异显著，可能构成工程变更。原清单按项包干，但如果实际工作内容发生重大变化，需要重新计价。

4. 相关依据

(1) 依据《建设工程施工合同（示范文本）》（GF-2017-0201）第 1.13 条："除专用合同条款另有约定外，发包人提供的工程量清单，应被认为是准确的和完整的。出现下列情形之一时，发包人应予以修正，并相应调整合同价格：（1）工程量清单存在缺项、漏项的；（2）工程量清单偏差超出专用合同条款约定的工程量偏差范围的；（3）未按照国家现行计量规范强制性规定计量的。"

(2) 依据《建设工程工程量清单计价规范》（GB 50500—2013）第 9.3.1 条第 3 款："已标价工程量清单中没有适用也没有类似于变更工程项目的，应由承包人根据变更工程资料、计量规则和计价办法、工程造价管理机构发布的信息价格和承包人报价浮动率提出变更工程项目的单价，报发包人确认后调整。"

(3) 可借鉴《建设工程工程量清单计价标准》（GB/T 50500—2024）第 8.9.1 条第 3 款："相同施工条件下实施不同项目特征的清单项目或不同施工条件下实施相同项目特征的清单项目，可依据工程实施情况，结合类似项目的合同单价计价规则及报价水平，协商确定市场合理的综合单价。"

案例47：合同约定措施费包干，变更工程量后，应该如何处理？

1. 事实阐述

某河道治理项目某标段的工程范围包括河边巡河路及河道治理，巡河路下需进行管线拆除和恢复。投标时发现拆除道路的工程量采用了概算工程量，存在虚高现象。经过答疑，书面答复结果为：原清单工程量不变，所有清单的报价需综合考虑。该答复与核算结果一致，虚量部分的造价约500万元。承包人需承担工程量虚高且中标后被扣减的结果。综合考虑后，承包人采用了不平衡报价：第一，道路拆除单价调低；第二，将费用全部转移至管线拆改，单价提高；第三，技术措施费用增加。

结果项目开工后，中途停工三年。复工后，发包人大幅压缩资金，对施工图纸进行了重新设计，在招标工程量基础上，管道工程量减半，所有安装施工措施都进行了减配，管线施工的利润全部消失。

由于利润项目管线拆改的工程量大幅调减，最终导致承包人无利润完成项目。

承包人的工程结算根据合同条款和清单计价规范中相关规定报审，索赔被驳回后，双方发生争议。

2. 造价争议

📚【承包人立场】

本项目合同中约定，项目价格不因工程量增减而调整。合同总价在图纸不变的情况下保持不变。投标时，依据《建设工程工程量清单计价规范》（GB 50500—2013）第3.1.5条，措施项目清单中的安全文明施工费应按照国家、省级及行业建设主管部门的规定进行计价，不能作为竞争性费用，其金额不得低于合同范围内的措施费用，并应在项目进场后根据清单与图纸实施施工准备、临时设施、安全防护等内容。

本项目并未因工程量变化而调整施工方案，整个施工过程的措施费用没有发生任何变化，也未提出调整措施费用。如需调整，将仅涉及延期索赔。

（1）安全文明施工费部分不能扣减。

（2）需增加减少部分材料所包含的管理费用。

（3）需增加因延期增加的管理费用。

👥【发包人立场】

根据《建设工程工程量清单计价规范》（GB 50500—2013）第9.3.2条规定，若工程变更导致施工方案调整并引起措施项目变化，承包人应提出调整措施项目费用。招标文件中工程量高于实际发生量，且措施项目明显减少。

本项目合同为固定单价合同，工程量根据实际完成量调整作为结算依据。尽管合同中约定项目不因工程量增减调整价格，但由于调减范围属于重大变更，需根据实际发生进行结算。根据实际完成的工程量，审减相应的安全文明措施费和措施部分，按照投标文件中的比例进行计费结算更为合理。

3. 案例解析

现场实施的成本高于预算，承包人已根据原清单组织相关方案与设备，例如主材的预订和到场材料的处置，应综合考虑增加成本进一步处理措施费用的调整问题，而不仅仅依据工程量的增减进行调整。例如以下费用情况。

（1）前期费用根据中标价基数计取项目的范围调减。

原中标价高于结算价数倍，代理服务费按中标价收取，包括招标服务费，多余部分属于超额费用；控制价不准确，无法有效控制成本。

（2）项目管理费用基数高的前提是高价中标。

费用包含在综合单价中，依据该费用规划技术方案的实施。经过审批后的临时设施方案、办公设施和设备布置均为高配置，施工范围则为低配置，但实施管理水平并未降低，反而费用有所增加。

（3）中标价中的管理费对应不平衡低价部分严重超支。

超利润部分进行了低价调整，而无利润部分则未相应降低高价。无利润项目受到的影响更大。

（4）其他发生成本的项目。

投标期间的标书费用、原合同总额对应的投标服务费、专业分包垫付费用、交通费、现场费用、团队人员投入费用以及现场管理费（如现场踏勘等）等。

4. 相关依据

（1）依据《最高人民法院关于审理建设工程施工合同纠纷案件适用法律问题的解释（一）》（法释〔2020〕25号）第十条："当事人约定顺延工期应当经发包人或者监理人签证等方式确认，承包人虽未取得工期顺延的确认，但能够证明在合同约定的期限内向发包人或者监理人申请过工期顺延且顺延事由符合合同约定，承包人以此为由主张工期顺延的，人民法院应予支持。"

（2）依据《建设工程工程量清单计价规范》（GB 50500—2013）第3.1.5条："措施项目中的安全文明施工费必须按国家或省级、行业建设主管部门的规定计算，不得作为竞争性费用。"

第9.3.1条："因工程变更引起已标价工程量清单项目或其工程数量发生变化时，应按照下列规定调整：1. 已标价工程量清单中有适用于变更工程项目的，应采用该项目的单价；但当工程变更导致该清单项目的工程数量发生变化，且工程量偏差超过15%时，该项目单价应按照本规范第9.6.2条的规定调整……"

第9.3.2条："工程变更引起施工方案改变并使措施项目发生变化时，承包人提出调整措施项目费的，应事先将拟实施的方案提交发包人确认，并应详细说明与原方案措施项目相比的变化情况。拟实施的方案经发承包双方确认后执行，并应按照下列规定调整措施项目费：1. 安全文明施工费应按照实际发生变化的措施项目调整；2. 采用单价计算的措施项目费，按照实际发生变化的措施项目依据本规范第9.3.1条的规定计算；3. 按总价（或系数）计算的措施项目费，按照实际发生变化的措施项目调整，但应考虑承包人报价浮动因素，即调整金额按照实际调整金额乘以本规范第9.3.1条规定的承包人报价浮动率计算。"

第 9.3.3 条："当发包人提出的工程变更因非承包人原因删减了合同中的某项原定工作或工程，致使承包人发生的费用或（和）得到的收益不能被包括在其他已支付或应支付的项目中，也未被包含在任何替代的工作或工程中时，承包人有权提出并应得到合理的费用及利润补偿。"

（3）可借鉴《建设工程工程量清单计价标准》（GB/T 50500—2024）第 8.9.5条："为完成工程变更而需增加的额外措施项目，且该费用未包括在本标准第 8.9.1条～第 8.9.4 条规定计价范围的，增加的措施项目费用应按下列规定计算：1. 完成工程变更所需增加的（现场没有的）施工机具，应按实际发生施工机具的型号、台数及其耗用台班计量，并按合同清单中的计日工清单的相关施工机具单价进行计价。若合同清单中没有相应计日工消单，可按本标准第 8.6.3 条的规定计算。2. 完成工程变更所需增加设置的（现场没有的）临时设施，应按实际发生临时设施的类型、数量及使用时间进行计量，按发承包双方协商确定的合理市场价格进行计价。"

（4）可借鉴《建设工程工程量清单计价标准》（GB/T 50500—2024）第 8.9.8条："非承包人原因，发包人提出的工程变更取消了合同中的某项原定工作或工程，且承包人发生的费用或（和）应得的收益没有包括在其他已支付或应支付的项目中或在任何替代的工作或工程中，发包人应补偿承包人的损失费用及合理的预期收益。"

案例 48：总价合同中施工方案变更后可否调整合同价？

1. 事实阐述

某热力项目签署的合同价为根据图纸编制的固定总价，涵盖主要材料、设备安装及整体测试费用。施工前，验收部门介入，将机组配置报价单由老标准更改为新标准，施工期由冬季前调整为冬季施工，所有设备均指定厂家，价格变化占合同总额的 40%。

旧标准有利于原方案，但由于标准变化，项目与签约合同的价格范围及施工条件不一致。大型设备需全部拆解后安装新标准设备。承包人要求调整合同价，但合同为固定总价形式，发包人不予调整，导致争议。

2. 造价争议

【承包人立场】

相关管理部门介入项目管理，增加新的标准和厂家，导致承包人的工程成本上升。此外，为了满足合同约定的质量标准，承包人还需遵循新标准并达到管理部门的验收要求，这使得项目成本高于预期，因此应给予相应的补偿。

主张增加费用如下。

（1）应管理部门要求，设备体量加大后，站内无工作面，施工难度较大，整体设备体积偏大，因此，增加费用应包括实际发生的整体成套设备在站外解体及重新组装费用。

（2）设备解体及拆除的人工均由安装工程的技术大工负责，设备清洗及实验及仪器仪表的试运转属于实际发生的工作，这些费用按合同约定的工期计算。

（3）施工现场不具备作业条件，自地面解体后再吊至地下室，属于户外施工，应增加人工降效和冬季施工措施费用。

此变更做法及现场情况已进行相应确认，与合同签署范围不一致。对于明显低于工程成本的项目，申请调整合同价格。

👥【发包人立场】

根据《建设工程工程量清单计价规范》（GB 50500—2013）第 8.3.2 条，采用经审定批准的施工图纸及其预算方式发包形成的总价合同，除按照工程变更规定的工程量增减外，总价合同各项目的工程量应为承包人用于结算的最终工程量。合同价为固定总价，若图纸不变，则合同价不变。合同价是承包单位在考察现场后，根据现场情况和图纸进行报价的结果。作为有经验的承包商，已综合考虑报价风险，因此不同意进行调整。如发生设备拆除解体，可套用相应定额，但不得增加人工降效。

3. 案例解析

依据清单计价规范条 9.4.2 条规定和《最高人民法院关于审理建设工程施工合同纠纷案件适用法律问题的解释（一）》（法释〔2020〕25 号）为依据，固定总价并非一成不变。虽然图纸未发生变化，但验收标准却有了显著提升，属于因施工条件与合同范围的差异而导致的变更，可以进行调整。

4. 相关依据

（1）依据《建设工程工程量清单计价规范》（GB 50500—2013）第 9.4.2 条："承包人应按照发包人提供的设计图纸实施合同工程，若在合同履行期间出现设计图纸（含设计变更）与招标工程量清单任一项目的特征描述不符，且该变化引起该项目的工程造价增减变化的，应按照实际施工的项目特征，按本规范第 9.3 节相关条款的规定重新确定相应工程量清单项目的综合单价，并调整合同价款。"

第 2.0.10 条关于"工程成本"的术语解释："承包人为实施合同工程并达到质量标准，在确保安全施工的前提下，必须消耗或使用的人工、材料、工程设备、施工机械台班及其管理等方面发生的费用和按规定缴纳的规费和税金。"

第 8.2.2 条："施工中进行工程计量，当发现招标工程量清单中出现缺项、工程量偏差，或因工程变更引起工程量增减时，应按承包人在履行合同义务中完成的工程量计算。"

第 8.2.3 条："承包人应当按照合同约定的计量周期和时间向发包人提交当期已完工程量报告。发包人应在收到报告后 7 天内核实，并将核实计量结果通知承包人。发包人未在约定时间内进行核实的，承包人提交的计量报告中所列的工程量应视为承包人实际完成的工程量。"

（2）依据《最高人民法院关于审理建设工程施工合同纠纷案件适用法律问题的解释（一）》（法释〔2020〕25 号）第二十二条："当事人签订的建设工程施工合同与招标文件、投标文件、中标通知书载明的工程范围、建设工期、工程质量、工程价款不一致，一方当事人请求将招标文件、投标文件、中标通知书作为结算工程价款的依据的，人民法院应予支持。"

（3）可借鉴《建设工程工程量清单计价标准》（GB/T 50500—2024）中，第3.1.8条："已采用单价合同的工程，分部分项工程项目清单的准确性、完整性应由发包人负责；采用总价合同的工程，已标价分部分项工程项目清单的准确性、完整性应由承包人负责。建设工程无论是采用单价合同或总价合同，按项编制的措施项目清单的完整性及准确性均应由承包人负责。"

案例49：地下管线保护措施费是否包含在绿色施工安全防护措施费中？

1. 事实阐述

在北京市某市政工程项目中，需对地下排水管线进行保护，并有相应的施工图纸。图纸中的方案设计批复文件要求保护现场管道，同时施工中的平面图、大样图及工程量也明确了管线的保护方式、位置和数量。然而，发包人与承包人就地下排水管线保护措施费用的计价产生了争议。

2. 造价争议

【承包人立场】

按费率计算的绿色施工安全防护措施费不包括地下排水管线保护的具体实施费用，管线保护措施费应单独计算，理由是方案设计批复文件及施工图纸中明确了管线保护的相关要求和具体内容。

【发包人立场】

地下排水管线的保护已包含在绿色施工安全防护措施费中，不可重复计算。需要强调的是，绿色施工安全防护措施费是针对整体施工过程中的安全和文明施工的费用，地下排水管线的保护属于整体安全防护的范畴。

3. 案例解析

地下排水管线保护措施费和绿色施工安全防护措施费是两个不同的概念。地下排水管线保护措施费主要用于施工过程中对地下排水管线的保护，而绿色施工安全防护措施费则侧重于施工过程中的安全和文明施工等方面的费用。此外，根据《建设工程质量管理条例》的相关规定，施工单位应按图纸进行施工。如果合同中对地下排水管线保护措施费有明确约定，则双方应遵守该约定；如无明确约定，双方可协商确定费用计算方式，协商不成时按照合同约定的解决方式解决。

4. 相关依据

（1）依据《地下工程建设中城镇排水设施保护技术规程》（DB11/T 1276—2015）第1条对实施范围的规定："本标准规定了地下工程建设中保护城镇排水设施安全的基本要求、工前评价、设计、施工、监测与工后评价。本标准适用于地下工程建设对已建或在建城镇排水设施的保护。"

（2）依据《国务院办公厅关于加强城市地下管线建设管理的指导意见》（国办发〔2014〕27号）第一段总则："城市地下管线是指城市范围内供水、排水、燃气、热力、电力、通信、广播电视、工业等管线及其附属设施，是保障城市运行的重要基础设施和"生命线"。近年来，随着城市快速发展，地下管线建设规模不足、管理水平不高等问题凸显，一些城市相继发生大雨内涝、管线泄漏爆炸、路面塌陷等事件，严重影响了人民群众生命财产安全和城市运行秩序……"

（3）依据《建筑工程安全防护、文明施工措施费用及使用管理规定》（建办〔2005〕89号）第四条："建筑工程安全防护、文明施工措施费用是由《建筑安装工程费用项目组成》（建标〔2003〕206号）中措施费所含的文明施工费，环境保护费，临时设施费，安全施工费组成。"

案例50：合同约定按比例下浮的方式结算，安全文明措施费需要下浮吗？

1. 事实阐述

某项目采用工程量清单计价方式，合同价格形式为单价合同，综合单价依据预算定额组价，工程建安费依据预算定额下浮的方式确定合同价格。合同约定："最终结算以《天津市市政工程预算基价》（DBD 29-401-2020）组价，下浮10%作为结算依据。"双方对安全文明措施费用是否下浮发生了争议。

2. 造价争议

【承包人立场】

根据《建设工程工程量清单计价规范》（GB 50500—2013）第3.1.4～3.1.6条规定，工程量清单应采用综合单价计价。其中，措施项目中的安全文明施工费必须按国家或省级、行业建设主管部门的规定计算，不得作为竞争性费用。因此，在结算时应将安全文明施工措施费应单独列出，不应下浮。

【发包人立场】

根据合同规定，应按招标文件约定的计价原则计算工程建设安装费，以《天津市市政工程预算基价》（DBD 29-401-2020）为基础进行组价，并下浮10%作为结算依据。合同约定条款已明确规定下浮比例，结算时必须严格执行。

3. 案例解析

招投标阶段，双方已约定采用清单计价规范作为定价方式，应遵守该规范中的强制性条文。若需偏离强制性条文，须在招标时予以特别约定。鉴于发包人采用清单计价招标，应提供完善的招标要求。施工合同中约定采用下浮方式结算，但未特别约定安全文明施工措施费不作下浮。因此，根据惯例可判断，约定条款应按清单计价规范执行。

清单计价规范第3.1.5条明确规定，安全文明施工措施费不得作为竞争性费用。清单计价规范中关于合同价款期中支付的第10.2条指出，安全文明施工措施费应单独支付，其支付方式与工程进度款支付不同。因此，根据清单计价规范，安全文明施工措施费属特殊条款，应另行约定。如招标文件或合同中未作约定，则按相关规定执行。

根据国家颁布的政策性文件、清单计价规范及合同示范文本中的通用条款相关规定，安全文明施工措施费应在合同中单独约定。依据《中华人民共和国民法典》第五百一十条，合同价款约定不明确的，可按合同相关条款或交易习惯确定。本项目中此条约定可视为约定不明确，应参照相关规定作为交易习惯。安全文明措施费属于总价措施费范畴，作为不可竞争费用，应按规定标准进行计取。其计取方式为：计费基数乘以标准费率，其中费率必须按照规定标准执行，不得下浮。当计费基数根据合同约定进行下浮时，安全文明措施费的金额也应随之发生变化。

4. 相关依据

（1）依据《建设工程施工合同（示范文本）》（GF-2017-0201）的通用条款第6.1.6条安全文明施工费相关约定："安全文明施工费由发包人承担，发包人不得以任何形式扣减该部分费用。因基准日期后合同所适用的法律或政府有关规定发生变化，增加的安全文明施工费由发包人承担……"

（2）依据《中华人民共和国民法典》第五百一十条规定："合同生效后，当事人就质量、价款或者报酬、履行地点等内容没有约定或者约定不明确的，可以协议补充；不能达成补充协议的，按照合同相关条款或者交易习惯确定。"

（3）依据《建设工程工程量清单计价规范》（GB 50500—2013）第10.2.2条："发包人应在工程开工后的28天内预付不低于当年施工进度计划的安全文明施工费总额的60%，其余部分应按照提前安排的原则进行分解，并应与进度款同期支付。"

第3.1.5条："措施项目中的安全文明施工费必须按国家或省级、行业建设主管部门的规定计算，不得作为竞争性费用。"

（4）依据《建筑工程安全防护、文明施工措施费用及使用管理规定》（建办〔2005〕89号）第6条："依法进行工程招投标的项目，招标方或具有资质的中介机构编制招标文件时，应当按照有关规定并结合工程实际单独列出安全防护、文明施工措施项目清单。"

（5）依据《企业安全生产费用提取和使用管理办法》（财资〔2022〕136号），其中第17条规定："建设工程施工企业编制投标报价应当包含并单列企业安全生产费用，竞标时不得删减。"

案例51：利用发包人已建临时设施施工，结算时扣除相关费用吗？

1. 事实阐述

某项目采用单价合同，为某厂区建设项目。发包人在承包人投标前已完成用地红线内正式围墙的建设，该围墙为砖基础铁艺栅栏，高3m。施工过程中，承包人在已建成的围墙上加铺蓝色铁皮，作为文明施工围挡。工程结算时，发包人提出应扣除该围墙费用，理由是承包人报价中的文明施工费用按预算定额计取，其中已包含临时围墙费用。承包人不同意扣除，双方因此产生争议。

2. 造价争议

📚【承包人立场】

按照合同约定和图纸要求进行施工，所有约定项目均已完成。措施费用属于承包人自行投入的费用，其具体实施方式与发包人无关。即使实际投入超过预算定额或不及预算定额，也不应增减费用，这属于正常施工作业范畴，不应扣除。此外，施工期间已在围墙上加铺蓝色铁皮，这也属于临时设施投入，不能认定为未做围墙。综上所述，不应扣减相关费用。

👥【发包人立场】

现场实际未投入围墙费用应予以扣除。施工过程中利用既有围墙进行施工，降低了成本投入，这是客观事实。若其他事项需增加措施，承包人通常会申请签证。本事项主要涉及未签证扣减围墙费用。投标时预算定额中计取的费用按正常标准考虑，多计取部分应在结算时扣除。

3. 案例解析

在招标阶段，现场围墙已经存在。招标人组织投标人对工程现场场地和周围环境等客观条件进行现场勘察。投标人通过实地调查，已充分了解招标人的意图和现场周围的环境情况，以获取有用信息并据此编制投标报价。这表明承包人在中标之前已经充分考虑相关费用，因此中标价格中无论采取何种报价组成方式，均不再调整综合单价。

承包人在施工过程中，在已建成的围墙上加铺蓝色铁皮时，发包人未对此提出异议，表明发包人对此事的认可。若承包人对围墙造成损坏或铁艺围墙漆面脱落，发包人有权要求承包人进行修复。施工现场只需达到文明工地标准，合同中并未明确约定承包人必须建设砖砌围墙或固定围墙。如未达到标准，可进行整改或接受相关部门处罚，这与造价无直接关联。因此，在结算时扣除临时设施中围墙的费用是不合理的。

4. 相关依据

（1）根据本项目合同约定、招标现场实际情况、项目特殊性及清单计价综合单价固定特性。

（2）依据《建设工程工程量清单计价规范》（GB 50500—2013）第 2.0.11 条关于"单价合同"的术语解释："实行工程量清单计价的工程，一般应采用单价合同方式，即合同中的工程量清单项目综合单价在合同约定的条件内固定不变，超过合同约定条件时，依据合同约定进行调整；工程量清单项目及工程量依据承包人实际完成且应予计量的工程量确定。"

（3）可借鉴《建设工程工程量清单计价标准》（GB/T 50500—2024）第 3.2.6 条："措施项目清单计价应符合招标文件、合同文件的要求和相关工程国家及行业工程量计算标准的措施项目列项及其工作内容的有关规定，包括履行合同责任和义务、全面完成工程所发生的不限于下列费用：1. 工地内及附近临时设施、临时用水、临时用电、通风排气及其他同类费用；……"计价标准与计价规范相比，计价标准更加明确该项报价所包含的内容。

案例52：总价包干，变更减少一个单体建筑时，应扣减措施费吗？

1. 事实阐述

某厂区建设项目由多栋单体建筑组成，招标采用工程量清单计价方式，合同约定施工措施费一次性包干。如果施工过程中发生工程变更，结算时不再调整该项费用。项目开工后，发包人因产能调整取消两栋厂房建设。结算时，承包人认为按合同约定施工措施费一次性包干，取消厂房建设仍应计取相应措施费。发包人则认为变更后应直接删除该单体清单，双方因此产生争议。

2. 造价争议

➔【承包人立场】

合同中约定施工措施费包干，结算时所有发生的措施费用均不再调整。措施费包干是指为完成建设工程施工，在施工前和施工过程中发生的技术、生活、安全、环境保护等方面的费用，即使发生变化也不再调整价款。若按合同约定随意扣减此项费用，则当厂区建设的单体建筑与预算定额中含量相比，周转次数减少一半时，也应按实际情况调整。

👥【发包人立场】

取消厂房建设的工程变更导致合同内容发生实质性改变，改变了合同签订时的基础和目的。虽约定工程措施费包干时，但其建设内容发生重大变化，理应审减费用。施工措施费一次性包干的目的是减少结算时的争议，主要解决施工图纸中的设计变更导致的措施变化问题，而非包括整栋楼取消建设的情况。

3. 案例解析

本项目争议的核心在于合同变更与施工图纸变更的区别。整栋楼取消建设属于合同建设范围的变更，而合同中约定的措施费包干是指因施工图纸变更导致的措施费变化。依据可从工程量清单计价中找到：总价格由各单体建筑汇总形成，各单体建筑的施工措施费分为建筑工程、装饰工程和安装工程，应理解为每个专业分项内的变化包干。

假如按承包人的理解，所有工程均未实施，是否应全额计取措施费？因此，合同中该项约定应理解为各专业的措施费用为包干。通常情况下，承包人在投标报价考虑包干时，也是根据每栋建筑所需的成本进行测算，例如每个单体建筑的高度和形状各不相同，难以准确判断项目综合措施费用，只能针对每个单体建筑分别估算投入成本。

因整栋楼取消建设导致的利润和损失可通过索赔方式解决。根据清单计价规范相关条款、合同示范文本及《中华人民共和国民法典》中的相关规定，当发生重大变更导致某项目工程取消时，可索要利润和损失。

4. 相关依据

依据招投标报价、施工现场场地使用规划、承包人实际作业方法，以及地方政府颁布的土方相关规定，具体条款如下。

（1）依据《建设工程工程量清单计价规范》（GB 50500—2013）第 9.3.3 条："当发包人提出工程变更因非承包人原因删减了合同中的某项原定工作或工程，致使承包人发生的费用或（和）得到的收益不能被包括在其他已支付或应支付的项目中，也未被包含在任何替代的工作或工程中时，承包人有权提出并应得到合理的费用及利润补偿。"

（2）依据《中华人民共和国民法典》第八百零四条："因发包人的原因致使工程中途停建、缓建的，发包人应当采取措施弥补或者减少损失，赔偿承包人因此造成的停工、窝工、倒运、机械设备调迁、材料和构件积压等损失和实际费用。"

（3）依据《建设工程施工合同（示范文本）》（GF-2017-0201）第 16.1.1 条第 3款："发包人违反第 10.1 款〔变更的范围〕第（2）项约定，自行实施被取消的工作或转由他人实施的属于发包人违约。"

（4）可借鉴《建设工程工程量清单计价标准》（GB/T 50500—2024）第 8.9.8条："非承包人原因，发包人提出的工程变更取消了合同中的某项原定工作或工程，且承包人发生的费用或（和）应得的收益没有包括在其他已支付或应支付的项目中或在任何替代的工作或工程中，发包人应补偿承包人的损失费用及合理的预期收益。"

案例 53：绿色施工安全防护措施费中是否包含综合脚手架及安全挡板费用？

1. 事实阐述

某小学项目采用工程量清单计价方式，合同价格形式为总价合同。合同中约定，绿色施工安全防护措施费作为单列费用，扣除该措施费并下浮后确定为最高限价，结算时不作调整。承包人在措施项目费中另行计列了综合脚手架和安全挡板的费用。在竣工结算阶段，双方就综合脚手架及安全挡板费用是否重复计价产生争议。

2. 造价争议

🔧 【承包人立场】

合同性质为总价合同，投标时已明确约定招标范围及合同总价，采用一次包干结算方式，不予调整。在招投标及工程实施过程中，双方均未提及费用调整事宜。故应依据合同总价进行结算，不应扣减综合脚手架及安全挡板费用。

【发包人立场】

措施项目中的综合脚手架和安全挡板费用与合同中绿色施工安全防护措施费重复，实际发生的就是一笔费用，清单中是重复列项，应予以扣除。

3. 案例解析

根据招标文件和合同约定，绿色施工安全防护措施费为单列费用，不应与其他费用重复计算。承包人的理解更符合双方合同约定和法律规定。发包人在结算时提出扣除部分费用的要求，违反了双方合同约定和诚实信用原则。清单列项是由发包人负责，清单名称没有重复，就不能认定重复列项问题。

预算定额中的绿色施工安全防护措施包括扬尘控制措施费、场内道路、施工围挡（墙）、智慧管理设备及系统等，其中坡顶防护栏杆也属于此类。然而，其他脚手架费用也包含在措施项目费中单独计列了综合脚手架和安全挡板的费用中，故不构成重复列项。

4. 相关依据

（1）依据《建设工程工程量清单计价规范》（GB 50500—2013）第 4.1.2 条："招标工程量清单必须作为招标文件的组成部分，其准确性和完整性应由招标人负责。"

（2）可借鉴《建设工程工程量清单计价标准》（GB/T 50500—2024）第 3.1.8 条："采用单价合同的工程，分部分项工程项目清单的准确性、完整性应由发包人负责；采用总价合同的工程，已标价分部分项工程项目清单的准确性、完整性应由承包人负责。建设工程无论是采用单价合同或总价合同，按项编制的措施项目清单的完整性及准确性均应由承包人负责。"

案例 54：总价包干的高架支撑措施费，发生变更后是否可以调整？

1. 事实阐述

在某道路工程项目中，采用工程量清单计价方式，合同形式为单价合同。清单中包含临时通道高架支撑费，约定为总价包干。项目实施过程中，因需求变更，临时道路通道宽度调整为 4 车道，导致原有高架支撑部分取消，取消部位新增支架支撑。因此，双方就取消部位新增支架支撑费的计算产生争议。

2. 造价争议

【承包人立场】

取消临时通道高架支撑后，新增的支架支撑是由于图纸设计变更所致，应该按合同约定进行结算。中标价格是依据招标工程量及招标图纸考虑的，结算阶段应根据实际发生的工程量和单价进行合理调整，以反映实际施工情况。

【发包人立场】

支架支撑费已包含在措施项目费用中，调整设计是为了适应项目实际情况，承包人在投标时已考虑相关风险，因此不应对新增的支架支撑费进行额外结算。

3. 案例解析

承包人面临的图纸设计变更确实导致了新增的支架支撑费用，承包人有权要求对因工程变更而增加的费用进行合理补偿。设计变更通常会影响施工方案及相关费用，因此，在这种情况下，承包人要求计算因图纸设计变更而增加的支架支撑费是合理的。

基于本项目合同约定，临时通道高架支撑费采用总价包干方式。此包干价格适用于无实体变更的情况。换言之，若实体项目取消，发包人有权扣除相应的包干措施费。因此，合同约定的包干是基于实体工程不发生变化的前提。就本合同而言，包干仅适用于实体项目保持不变的情形。

4. 相关依据

（1）依据《建设工程工程量清单计价规范》（GB 50500—2013）第 9.3.2 条："工程变更引起施工方案改变并使措施项目发生变化时，承包人提出调整措施项目费的，应事先将拟实施的方案提交发包人确认，并应详细说明与原方案措施项目相比的变化情况。拟实施的方案经发承包双方确认后执行，并应按照下列规定调整措施项目费：……2. 采用单价计算的措施项目费，应按照实际发生变化的措施项目，按本规范第 9.3.1 条的规定确定单价；……"

（2）可借鉴《建设工程工程量清单计价标准》（GB/T 50500—2024）第 8.9.5 条："为完成工程变更而需增加的额外措施项目，且该费用未包括在本标准第 8.9.1 条～第 8.9.4 条规定计价范围的，增加的措施项目费用应按下列规定计算：1. 完成工程变更所需增加的（现场没有的）施工机具，应按实际发生施工机具的型号、台数及其耗用台班计量，并按合同清单中的计日工清单的相关施工机具单价进行计价。若合同清单中没有相应计日工消单，可按本标准第 8.6.3 条的规定计算。2. 完成工程变更所需增加设置的（现场没有的）临时设施，应按实际发生临时设施的类型、数量及使用时间进行计量，按发承包双方协商确定的合理市场价格进行计价。"

案例55：塔吊基础下的预制管桩措施费，是计算在施工措施费中吗？

1. 事实阐述

某项目采用单价合同形式，以工程量清单计价。项目现处于竣工结算阶段，招标清单中包含垂直运输工程的工程量清单，但缺乏项目特征描述。因此，双方就塔吊基础和塔吊桩的计价问题产生争议。

2. 造价争议

【承包人立场】

根据清单计价规范，招标工程量清单的准确性和完整性由招标人负责。措施费中分别列出按单价计取和按总价计取的项目，但各分析表均未显示垂直运输费用中塔吊基础下的预制管桩。结算时，应将此视为清单漏项，增加塔吊桩费用。

👥【发包人立场】

合同专用条款约定措施费总价包干，故塔吊基础及塔吊桩费用应属于措施项目费用包干范围，不应另行计价。未在施工图纸中标明的项目均属措施项目，塔吊基础仅体现于施工组织设计中，而非施工图纸。塔吊桩为安装塔吊基础而增设，因此不应增加额外费用。

3. 案例解析

根据合同约定的按实结算原则，塔吊基础和塔吊桩应当按实际发生量结算。招标清单中垂直运输项目特征描述未填写，依据清单工程量计算规范，垂直运输清单项目的工作内容包含垂直运输机械的固定装置基础制作和安装，该费用已包含在垂直运输综合单价中。然而，塔吊基础配套的桩基工程费未包含在内，因此本案例中塔吊基础下的预制管桩应另行计价。

塔吊桩是固定塔吊的措施方案，应另行列清单计算。虽然桩基与施工图纸中的基础桩是同类材料，但是其费用应包含在施工措施费中，应列在措施分项表内。承包人应根据招标清单项填报综合单价，此项如果在招标清单中未单独给出清单项，应按漏项考虑。

综上所述，塔吊基础下的预制管桩属于施工措施费用，但由于招标清单中未明确包含，应视为漏项另行计价，而非包含在措施费总价包干范围内。这符合清单计价规范的要求，也体现了公平合理的原则。

4. 相关依据

（1）依据《房屋建筑与装饰工程工程量计算规范》（GB 50854—2013）表 S.3 垂直运输，项目编码 011703001 工作内容："1. 垂直运输机械的固定装置、基础制作、安装。2. 行走式垂直运输机械轨道的铺设、拆除、摊销。"

（2）依据《建设工程工程量清单计价规范》（GB 50500—2013）第 4.1.2 条："招标工程量清单必须作为招标文件的组成部分，其准确性和完整性应由招标人负责。"

第 9.4.1 条："发包人在招标工程量清单中对项目特征的描述，应被认为是准确的和全面的，并且与实际施工要求相符合。承包人应按照发包人提供的招标工程量清单，根据项目特征描述的内容及有关要求实施合同工程，直到项目被改变为止。"

第 9.5.1 条："合同履行期间，由于招标工程量清单中缺项，新增分部分项工程清单项目的，应按照本规范第 9.3.1 条的规定确定单价，并调整合同价款。"

（3）依据《最高人民法院关于审理建设工程施工合同纠纷案件适用法律问题的解释（一）》（法释〔2020〕25 号）第二十二条："当事人签订的建设工程施工合同与招标文件、投标文件、中标通知书载明的工程范围、建设工期、工程质量、工程价款不一致，一方当事人请求将招标文件、投标文件、中标通知书作为结算工程价款的依据的，人民法院应予支持。"

（4）依据《建设工程施工合同（示范文本）》（GF-2017-0201）第 1.13 条："除专

用合同条款另有约定外，发包人提供的工程量清单，应被认为是准确的和完整的。出现下列情形之一时，发包人应予以修正，并相应调整合同价格：（1）工程量清单存在缺项、漏项的；（2）工程量清单偏差超出专用合同条款约定的工程量偏差范围的；（3）未按照国家现行计量规范强制性规定计量的。"

（5）可借鉴《房屋建筑与装饰工程工程量计算标准》（GB/T 50854—2024）中，表 R.1.1 措施项目中项目编码为 011601002 的垂直运输的工作内容："垂直运输机械进出场及安拆，固定装置、基础制作、安装，行走式机械轨道的铺设、拆除，设备运转、使用等。"

（6）可借鉴《建设工程工程量清单计价标准》（GB/T 50500—2024）第 3.1.8 条："采用单价合同的工程，分部分项工程项目清单的准确性、完整性应由发包人负责；采用总价合同的工程，已标价分部分项工程项目清单的准确性、完整性应由承包人负责。建设工程无论是采用单价合同或总价合同，按项编制的措施项目清单的完整性及准确性均应由承包人负责。"

案例 56：措施费包干，但招标人将脚手架列入实体分项，结算时是否扣除？

1. 事实阐述

某工业厂房工程招标时，各类脚手架被列入分部分项工程量清单，而非措施项目清单。合同约定本项目措施项目采用包干方式，不因工程变更等原因调整。实际施工过程中，项目建筑面积增大，工程变更频繁，导致各类脚手架多次搭拆。外脚手架、满堂脚手架及里脚手架等均超过原清单工程量的 10% 以上，且存在变更和反复搭拆情况。这部分增加费用按合同单价计算达 200 万元。然而，结算时审计人员认定脚手架均属于措施费，根据合同约定，措施费不因工程变更而调整，因此需要审减 200 万元。

2. 造价争议

【承包人立场】

合同约定措施项目包干，但未明确脚手架费用包干。清单列出的措施项目中未包含脚手架事项，因此审计时不应审减此费用，应按实际发生增加工程量。若投标时未将脚手架列入分部分项工程量清单或未按招标文件格式列出，可能导致废标。既然已中标，投标各项价格即受合同约束，应按合同约定执行工程变更，结算时重新核算工程量。

【发包人立场】

脚手架项目属于措施费用，将其列入分部分项工程量清单中是不合理的。从审计角度看，约定包干费用时将其排除在外，可能被视为逃避监管。正常合同中，措施项目包干其中应包括脚手架，而招标和投标文件中没有提供这样操作的合理理由。因此，脚手架按包干考虑，需要审减 200 万元。

3. 案例解析

按照惯例，脚手架属于措施费用。然而，在本案例中，招标人明确将脚手架项目列入分部分项清单，视其为分部分项费用。因此，本案例中措施费不包含脚手架费用是合理的。可以理解为：合同约定措施项目采用包干方式，对应的计价表为措施项目表，而非分部分项工程量清单，这可视为双方预先约定的计价方法和规则，应当受到合同双方遵守并受法律保护。

从合同角度看，约定的包干措施费与招标清单中列项的措施存在矛盾，这一错误源于发包人。站在发包人立场，此情况可视为合同约定不明，可通过协商确定价款。

从合规角度来看，该报价方式及招标流程符合法律法规，审计人员认可中标清单的价格。从合理性角度分析，分部分项清单中列入脚手架费用存在疑问。招标时清单编制有误，投标人按发包方要求填报价格，否则可能被视为投标文件未响应招标文件的实质性要求和条件，因此承包人无过错。

从合同履行和法律责任角度分析，承包人应当严格按照合同约定的方式进行结算。根据清单计价规范的风险分配原则，发包人采用包干方式列出措施项目属于不当做法。工程变更后，措施项目工程量应随之调整。

4. 相关依据

（1）依据《建设工程工程量清单计价规范》（GB 50500—2013）第 9.3.2 条："工程变更引起施工方案改变并使措施项目发生变化时，承包人提出调整措施项目费的，应事先将拟实施的方案提交发包人确认，并应详细说明与原方案措施项目相比的变化情况。拟实施的方案经发承包双方确认后执行，并应按照下列规定调整措施项目费……"

第 3.4.1 条："建设工程发承包，必须在招标文件、合同中明确计价中的风险内容及其范围，不得采用无限风险、所有风险或类似语句规定计价中的风险内容及范围。"

（2）依据《中华人民共和国民法典》第五百一十条："合同生效后，当事人就质量、价款或者报酬、履行地点等内容没有约定或者约定不明确的，可以协议补充；不能达成补充协议的，按照合同相关条款或者交易习惯确定。"

第五百一十一条："当事人就有关合同内容约定不明确，依据前条规定仍不能确定的，适用下列规定：……（二）价款或者报酬不明确的，按照订立合同时履行地的市场价格履行；依法应当执行政府定价或者政府指导价的，依照规定履行；……"

（3）可借鉴《建设工程工程量清单计价标准》（GB/T 50500—2024）第 8.9.5 条："为完成工程变更而需增加的额外措施项目，且该费用未包括在本标准第 8.9.1 条～第 8.9.4 条规定计价范围的，增加的措施项目费用应按下列规定计算……"

（4）可借鉴《建设工程工程量清单计价标准》（GB/T 50500—2024）第 3.3.1 条："建设工程的施工发承包，应在招标文件、合同中明确计量与计价的风险内容及其范围，不得采用无限风险、所有风险或类似语句约定工程计量与计价的风险内容及范围。"

案例 57：技术标中的塔吊数量和现场使用的塔吊 数量不一致，结算时是否扣减费用？

1. 事实阐述

某学校园区工程项目包含 3 栋教学楼。技术标中规划使用 3 台塔吊，而实际施工方案采用 2 台塔吊和汽车吊配合作业。合同约定措施费总价一次性包干，任何情况下均不调整；单价措施综合单价亦不调整。发包人或监理人对施工方案、施工措施、进度计划的批准不构成调整合同价款的依据。

结算时，发包人认为实际少用一台塔吊改变了施工方案，属于变更，据此扣减 1/3 的垂直运输费，共计 89 万元，如表 2-2 所示。承包人则认为不存在变更情况，若扣除塔吊费用，应补偿汽车吊配合作业的费用。

表 2-2　单价措施项目计价表

序号	项目编码	项目名称	项目特征描述	计量单位	工程量	金额/元	
						综合单价	合价
1	011703001001	垂直运输	含建筑材料、成品、半成品、构配件的吊装及配合用工；塔式起重机接高和机械安拆费；吊装机械的进退场费以及机上人工费；垂直运输机械的固定装置、基础制作、安装及拆除；行走式垂直运输机械轨道的铺设、拆除、摊销等	m²	48246.43	55.65	2684913.83

2. 造价争议

【承包人立场】

垂直运输费属于单价措施项目。开工时报送的施工组织设计中已布置 2 台塔吊和汽车吊，未发生变更。根据合同约定，单价措施综合单价在任何情况下均不调整。发包人或监理人在施工过程中对施工方案、施工措施、进度计划的批准，不构成调整合同价款的依据。因此，不同意扣减 1/3 垂直运输费（89 万元）。

【发包人立场】

技术标中规划使用 3 台塔吊，实际施工方案采用 2 台，构成措施方案变更，应按变更估价原则调整合同价款，即在实际发生费用的基础上扣减 1/3 垂直运输费（89 万元）。设置汽车吊主要解决人力水平搬运，不应增加费用。一台塔吊供两栋楼使用已满足垂直运输需求，不影响正常施工，故结算时应扣减塔吊费用。

3. 案例解析

根据《建设工程施工合同（示范文本）》（GF-2017-0201）通用条款第 10.1 条关

于变更范围的约定，技术标的改变不能被认定为工程变更。

合同示范文本第 7.1.2 条规定，承包人应在合同签订后 14 天内提交施工组织设计，发包人和监理人应在收到后 7 天内确认或提出修改意见。该条款未涉及技术标相关事项，因此不应扣减塔吊费用。

对于措施项目中的单价项目，招标控制价和投标报价均基于清单中的特征描述及相关要求编制。合同约定单价措施综合单价在任何情况下均不调整，发包人或监理在施工过程中对施工方案、施工措施、进度计划的批准不作为调整合同价款的依据。该约定有效，应当按照约定执行，不应扣减相关费用。

4. 相关依据

(1) 依据《建设工程施工合同（示范文本）》（GF-2017-0201）中第 1.5 条对合同文件的优先顺序的描述："组成合同的各项文件应互相解释，互为说明。除专用合同条款另有约定外，解释合同文件的优先顺序如下：(1) 合同协议书；(2) 中标通知书（如果有）；(3) 投标函及其附录（如果有）；(4) 专用合同条款及其附件；(5) 通用合同条款；(6) 技术标准和要求；(7) 图纸；(8) 已标价工程量清单或预算书；(9) 其他合同文件。"

第 7.1.2 条对施工组织设计的提交和修改的规定："除专用合同条款另有约定外，承包人应在合同签订后 14 天内，但至迟不得晚于第 7.3.2 项〔开工通知〕载明的开工日期前 7 天，向监理人提交详细的施工组织设计，并由监理人报送发包人。除专用合同条款另有约定外，发包人和监理人应在监理人收到施工组织设计后 7 天内确认或提出修改意见。对发包人和监理人提出的合理意见和要求，承包人应自费修改完善。根据工程实际情况需要修改施工组织设计的，承包人应向发包人和监理人提交修改后的施工组织设计。"

第 10.1 条对变更的范围的规定："除专用合同条款另有约定外，合同履行过程中发生以下情形的，应按照本条约定进行变更：(1) 增加或减少合同中任何工作，或追加额外的工作；(2) 取消合同中任何工作，但转由他人实施的工作除外；(3) 改变合同中任何工作的质量标准或其他特性；(4) 改变工程的基线、标高、位置和尺寸；(5) 改变工程的时间安排或实施顺序。"

(2) 依据《建设工程工程量清单计价规范》（GB 50500—2013）第 5.2.3 条对招标控制价编制的规定："分部分项工程和措施项目中的单价项目，应根据拟定的招标文件和招标工程量清单项目中的特征描述及有关要求确定综合单价计算。"第 6.2.3 条对投标文件的编制的规定："分部分项工程和措施项目中的单价项目，应根据招标文件和招标工程量清单项目中的特征描述确定综合单价计算。"

(3) 可借鉴《建设工程工程量清单计价标准》（GB/T 50500—2024）第 8.9.5 条："为完成工程变更而需增加的额外措施项目，且该费用未包括在本标准第 8.9.1 条～第 8.9.4 条规定计价范围的，增加的措施项目费用应按下列规定计算：1. 完成工程变更所需增加的（现场没有的）施工机具，应按实际发生施工机具的型号、台数及其耗用台班计量，并按合同清单中的计日工清单的相关施工机具单价进行计价。若合同清单中没有相应计日工清单，可按本标准第 8.6.3 条的规定计算。"

案例58：合同约定安全文明施工费总价包干，结算时还可以调整吗？

1. 事实阐述

深圳市某物流中心二期项目包括四幢四层物流仓库和配套办公楼的建设，总建筑面积233000m²。某建设集团有限公司（承包人）与某物流集团有限公司（发包人）签订了施工合同，合同造价为6.26亿元。

合同约定采用单价合同的计价方式，实行综合单价包干。除了约定的材料价差和人工费可以调整外，合同价款不因其他因素而调整。此外，合同还约定安全文明施工费采用总价包干的方式。

项目于2016年10月开工。在施工过程中，2017年5月10日，深圳市住房和建设局发布了《深圳市建设工程安全文明施工十项标准（试行）》和《深圳市建设工程安全文明施工十项禁令》通知文件。该通知文件对辖区内各建设项目的施工安全防护等作出了统一规定，要求全市所有建设项目必须严格执行通知文件中的相关规定，全面采用定型化装配式安全防护设施。

该通知文件发布时，承包人已经部分采用了符合原有安全生产规定标准的钢管搭设防护设施。发包人根据通知文件的规定，要求承包人拆除原有的安全防护设施，改用符合通知文件要求的定型化防护设施。承包人经过测算，发现采用新标准的定型化防护设施比原审批的施工方案中计划使用的防护标准增加了约670万元，因此及时提出了价款调整的要求，但发包人一直未予审批。

2019年7月21日，该项目完成竣工验收。在进行竣工结算时，双方就是否应该因按通知文件要求调整安全防护标准而增加价款产生了争议。

2. 造价争议

📑【承包人立场】

首先，安全文明施工费综合单价组成是由人工、材料、机械、管理费、利润五大要素构成。当材料和人工发生变化时，应根据合同约定进行调整。从清单计价规范的角度来看，施工做法的变化导致所采用的材料和施工工艺发生改变，这属于项目特征的根本变更，因此应按照规定调整合同价款。

其次，安全文明施工费属于不可竞争费用，必须足额使用并专款专用。该通知文件要求的做法超出原有投标报价的考虑范围，对于新增加的安全文明施工投入，如果无法获得补偿，将违背安全生产费"足额使用"的初衷。

再次，即使合同中约定了安全文明施工费总价包干，但这一总价包干的前提是基于投标文件中技术标的施工方案，以及符合当时工程实务中能够满足安全监督部门监管的常规做法。新的通知文件出台后，相应的施工安全防护等标准已发生重大变化，因此无理由再要求维持总价包干。

最后，2017年5月10日深圳市住房和建设局发布的通知文件是在施工合同签订后才出台的，其对安全文明施工标准的提高对实际施工成本造成了重大影响，导致合同一方利益严重失衡。这种情况是承包人在签订合同时无法预见的，属于情势变更或不可抗力，因此增加的费用应由发包人承担。

👥【发包人立场】

施工合同明确约定了安全文明施工费总价包干，因此应按照合同约定进行结算。即使合同中未作约定，法律上也没有依据允许对该措施费的变化进行调整。在不违反法律规定且不影响合同效力的前提下，合同约定是双方当事人真实意思的体现，应视为有效，因此不同意对合同中已明确包干的安全文明施工费进行调整。

3. 案例解析

安全文明施工费是不可竞争费用，其本质体现在两个阶段：一是招投标阶段，招标人编制的最高投标限价不得上调或下浮，同时安全文明施工费应足额计算；投标人在投标报价时，报价优惠不得包含对安全文明施工费的下浮。二是结算阶段，因变更等原因导致的新增安全文明施工费，也应遵循安全文明施工费不可竞争性的原则，不得下浮。如果直接不予计取，应被视为变相下浮，这显然不符合相关规定。

在施工合同履行过程中，市住房和建设局发布的通知文件具有强制执行力，若不按要求施工，可能面临停工、罚款等行政处罚，因此施工单位必须严格执行。按照通知文件施工，同时也属于发包人对承包人提出的技术要求，是发包人的指令行为。承包人根据发包人指令实施了与原方案不同、更高标准的安全文明施工，因此因执行发包人指令产生的额外费用应由发包人承担。

由于方案变更等原因，发生了原合同安全文明施工费之外的新增费用，这打破了发承包双方签订合同时对措施费及包干范围的可预见性。特别是作为不可竞争的安全文明施工费，其不可预见性原则应作为界定是否调整合同价款的根本依据。

此外，市住房和建设局发布的通知文件，属于一个有经验的承包商在签订合同时无法预见、避免或克服的情况，符合不可抗力的特征，这不属于承包人自身的风险。按照不可抗力后果的承担原则，由此增加的费用应由发包人承担。

关于承包人提出的情势变更适用性问题，显然难以成立。情势变更是指作为合同成立基础的环境发生了异常变动，是当事人缔约时无法预见的非商业固有风险。情势变更的风险通常难以预见，其程度远远超出正常人的合理预期，且难以防范和控制。继续维持合同效力会显失公平，如经济危机、通货膨胀、汇率大幅变化等情况。情势变更需要达到"重大"的程度，而本案例中仅涉及约1%的价款调整，显然难以达到这一标准。

根据清单计价规范，合同价款调整应在以下情况下进行：法律法规变化、工程变更、特征不符、不可抗力等事件发生时。虽然计价规范强调按"合同约定"调整，但涉及安全方面的法律法规及地方规章需受上位法约束，必须强制执行。不执行这些规定可能违反安全生产法等法规，导致合同条款或结算协议无效。

如果承包人不执行通知文件或发包人要求不执行，安全监督部门可能要求整改在建项目，甚至导致项目停工。这将阻碍合同目的的实现，给双方造成更大损失。相反，承包人执行通知文件可避免发包人损失，有利于实现合同目的。

综上所述，安全文明施工费作为不可竞争费用，应足额使用并由发包人足额支付。原施工合同范围内的安全文明施工费总额是按相关计价方法合理计算的，旨在确保不可竞争性和足额使用。如因新增项目或方案变更导致原安全文明施工费大幅增加，超出可预见的合理范围，则应对新增部分进行单独计算和调整。

4. 相关依据

（1）依据《中华人民共和国民法典》第一百八十条规定："因不可抗力不能履行民事义务的，不承担民事责任。法律另有规定的，依照其规定。不可抗力是不能预见、不能避免且不能克服的客观情况。"

第五百三十三条："合同成立后，合同的基础条件发生了当事人在订立合同时无法预见的、不属于商业风险的重大变化，继续履行合同对于当事人一方明显不公平的，受不利影响的当事人可以与对方重新协商；在合理期限内协商不成的，当事人可以请求人民法院或者仲裁机构变更或者解除合同。"

（2）依据《建设工程工程量清单计价规范》（GB 50500—2013）第 2.0.27 条"不可抗力"的术语标准："发承包双方在工程合同签订时不能预见的，对其发生的后果不能避免，并且不能克服的自然灾害和社会性突发事件。"

第 9.1.1 条："下列事项（但不限于）发生，发承包双方应当按照合同约定调整合同价款：1. 法律法规变化；2. 工程变更；……"

第 9.2.1 条："招标工程以投标截止日前 28 天、非招标工程以合同签订前 28 天为基准日，其后因国家的法律法规、规章和政策发生变化引起工程造价增减变化的，发承包双方应按照省级或行业建设主管部门或其授权的工程造价管理机构据此发布的规定调整合同价款。"

第 9.4.2 条："承包人应按照发包人提供的设计图纸实施合同工程，若在合同履行期间出现设计图纸（含设计变更）与招标工程量清单任一项目的特征描述不符，且该变化引起该项目工程造价增减变化的，应按照实际施工的项目特征，按本规范第9.3 节相关条款的规定重新确定相应工程量清单项目的综合单价，并调整合同价款。"

（3）依据《工程造价术语标准》（GB/T 50875—2013）第 3.4.4 条："合同实施过程中由发包人提出或由承包人提出，经发包人批准的对合同工程的工作内容、工程数量、质量要求、施工顺序与时间、施工条件、施工工艺或其他特征及合同条件等的改变。"

（4）依据《建筑工程安全防护、文明施工措施费用及使用管理规定》（建办〔2005〕89 号）第三条："本规定所称安全防护、文明施工措施费用，是指按照国家现行的建筑施工安全、施工现场环境与卫生标准和有关规定，购置和更新施工安全防护用具及设施、改善安全生产条件和作业环境所需要的费用。安全防护、文明施工措施项目清单详见附表。建设单位对建筑工程安全防护、文明施工措施有其他要求的，所发生费用一并计入安全防护、文明施工措施费。"

（5）依据《建设工程施工合同（示范文本）》（GF-2017-0201）的通用条款第6.1.6 条安全文明施工费相关约定："安全文明施工费由发包人承担，发包人不得以任何形式扣减该部分费用。因基准日期后合同所适用的法律或政府有关规定发生变化，增加的安全文明施工费由发包人承担。承包人经发包人同意采取合同约定以外的安全措施所产生的费用，由发包人承担。未经发包人同意的，如果该措施避免了发包人的损失，则发包人在避免损失的额度内承担该措施费。如果该措施避免了承包人的损失，由承包人承担该措施费。"

案例59：因施工噪声影响工程进度时，
承包人能否获得赔偿？

1. 事实阐述

某工程项目所处位置邻近学生宿舍，施工期间承包人因噪声、扬尘等问题受到投诉。监理单位随即对承包人提出更为具体和严格的施工要求：中午12时至14时，19时至次日8时，禁止产生施工噪声及进行任何造成噪声和污染的施工活动；其他时段可进行轻微噪声和污染的施工作业。承包人认为，发包人调整工人作业时间导致施工效率降低，造成总体施工工期延误9个月，因此提出补偿10％的工效降低损失费。发包人则以招标条件已明确，报价时应包含工效的降低损失费为由予以认可，双方因此产生争议。

2. 造价争议

🔖【承包人立场】

监理单位和发包人现场代表已在会议纪要上签字确认，并下发整改通知单，应按工程变更考虑补偿费用。发包人限定的施工作业时间和方式超出投标时预见的施工条件，应参照在生产车间内边生产边施工的工程，按该项工程人工费增加10％计算工效降低的损失费。由于正常工人作业时间改变及工资单价提高，可从分包合同中获取补偿费用明细。对于实际发生的费用，发包人应补偿相应金额。

👥【发包人立场】

限定施工作业时间与预算定额中施工降效说明的条件不符。预算定额中的施工降效是指高层建筑施工时，施工高度增加导致的人工效率降低，所以承包人不能按10％计算工效降低的损失费。此外，投标人在勘察现场时已了解实际情况，作为经验丰富的承包商，应能预见学生作息对施工时间的影响，并在投标报价时考虑此因素。综上所述，承包人不应计算施工降效费。

3. 案例解析

根据双方提交的资料，因非承包人原因，工程未能如期完工，致使竣工验收时间延后9个月。经查阅招标文件和合同等资料，合同签订前未有因学生作息调整施工时间的要求。因此，非承包人原因造成的工期延误应予以顺延。

承包人作为具备经验的承包人，在投标时已通过实地考察了解学生作息对施工的影响。尽管投标报价已考虑此风险，但工期延误期间因施工时间变更导致效率降低而需增加费用的，承包人可依据损害因果关系赔偿原理，提供证据向发包人请求费用补偿。

根据噪声污染防治法规定，发包人应在工程造价中单独列出噪声污染防治费用，而非包含在投标报价中。承包人需制定噪声污染防治实施方案，采取有效措施。因此，承包人请求费用补偿较为合理，可以协商解决。

4. 相关依据

（1）依据《建设工程施工合同（示范文本）》（GF-2017-0201）的通用条款第2.4.2条第3款："除专用合同条款另有约定外，发包人应负责提供施工所需要的条件：协调处理施工现场周围地下管线和邻近建筑物、构筑物、古树名木的保护工作，并承担相关费用。"

第2.4.3条："按照法律规定确需在开工后方能提供的基础资料，发包人应尽其努力及时地在相应工程施工前的合理期限内提供，合理期限应以不影响承包人的正常施工为限。"

第7.5.1条："因发包人原因未按计划开工日期开工的，发包人应按实际开工日期顺延竣工日期，确保实际工期不低于合同约定的工期总日历天数。因发包人原因导致工期延误需要修订施工进度计划的，按照第7.2.2项〔施工进度计划的修订〕执行。"

第7.6条："不利物质条件是指有经验的承包人在施工现场遇到的不可预见的自然物质条件、非自然的物质障碍和污染物，包括地表以下物质条件和水文条件以及专用合同条款约定的其他情形，但不包括气候条件。承包人遇到不利物质条件时，应采取克服不利物质条件的合理措施继续施工，并及时通知发包人和监理人。通知应载明不利物质条件的内容以及承包人认为不可预见的理由。监理人经发包人同意后应当及时发出指示，指示构成变更的，按第10条〔变更〕约定执行。承包人因采取合理措施而增加的费用和（或）延误的工期由发包人承担。"

（2）依据《中华人民共和国噪声污染防治法》第二十六条："建设噪声敏感建筑物，应当符合民用建筑隔声设计相关标准要求，不符合标准要求的，不得通过验收、交付使用；在交通干线两侧、工业企业周边等地方建设噪声敏感建筑物，还应当按照规定间隔一定距离，并采取减少振动、降低噪声的措施。"

第四十条："建设单位应当按照规定将噪声污染防治费用列入工程造价，在施工合同中明确施工单位的噪声污染防治责任。施工单位应当按照规定制定噪声污染防治实施方案，采取有效措施，减少振动、降低噪声。建设单位应当监督施工单位落实噪声污染防治实施方案。"

第四十三条："在噪声敏感建筑物集中区域，禁止夜间进行产生噪声的建筑施工作业，但抢修、抢险施工作业，因生产工艺要求或者其他特殊需要必须连续施工作业的除外。"

第三节　造价管理争议

案例60：局部高差超过±300mm的自然地坪，可以执行一般挖土定额子目吗？

1. 事实阐述

某工业厂区建设项目，单价合同形式，厂区内存在部分坡地，土方工程量清单如

表 2-3 所示。

表 2-3　分部分项工程清单与计价表

序号	项目编码	项目名称	项目特征描述	计量单位	工程量	金额/元	
						综合单价	合价
1	010101001001	平整场地	1. 土壤类别：详见地勘报告； 2. 弃土运距：场内； 3. 取土运距：场内； 4. 其他：工程量计算规则，执行2012年预算定额的相关规定	m^2	4937.85	1.53	7554.91
2	010101002001	挖一般土方	1. 土壤类别：详见地勘报告； 2. 挖土深度：详见设计图纸； 3. 坑底至少保留300mm厚土层采用人工开挖基础； 4. 弃土运距：挖出的土方运往甲方指定地点堆放院内； 5. 打钎拍底； 6. 其他：工程量计算规则，执行2012年预算定额的相关规定，包含土方工作面及放坡	m^3	32571.03	14.99	488239.74

进场后，承包人制作了现场实况地形方格网。承包人认为挖方最高处达 0.95m，填方达 0.5m，超出平整场地范围，应按挖一般土方计算。发包人则认为此属平整场地范畴，不另行计算，双方因此产生争议。

2. 造价争议

【承包人立场】

依据现场实况地形方格网，多处高差都超过 ±300mm，依据清单计价规范规定厚度＞±300mm 的竖向布置挖土或山坡切土应按本表中挖一般土方项目编码列项，应当执行挖一般土方子目。

【发包人立场】

依据现场实况地形方格网，确实有高差超过 ±300mm 的情形，但是清单计价规范和北京 2012 年预算定额所描述的均为自然地坪的平均高差超过 ±300mm，而不是局部高差超过 ±300mm，根据土方现场实况地形方格网进行土方平衡计算，计算得平均自然地坪标高为 −0.65m，室外设计地坪标高为 −0.4m，高差未超过 300mm，应执行平整场地。

3. 案例解析

本工程清单描述明确规定平整场地和挖一般土方均按北京 2012 年预算定额计算规则执行。平整场地费用应依据 2012 年预算定额相关规定计算。预算定额中的 ±300mm 应理解为室外设计地坪与自然地坪平均厚度之差，而非局部最高点和最低点之差。应根据双方确认的现场实际方格网进行土方平衡计算，得出现场平均自然地坪标高，并与室外设计地坪标高比较。若差值超过 ±300mm，则执行一般土方子目；

若未超过，则执行平整场地。

4. 相关依据

（1）依据《房屋建筑与装饰工程工程量计算规范》（GB 50854—2013）中，附录A土石方工程，续表A.1中注解第2条："建筑物场地厚度≤±300mm的挖、填、运、找平，应按本表中平整场地项目编码列项。厚度＞±300mm的竖向布置挖土或山坡切土应按本表中挖一般土方项目编码列项。"

（2）依据《北京市2012年建设工程计价依据--预算定额》（房屋建筑与装饰工程预算定额上册）第一章，土石方工程的说明中第四条："平整场地是指室外设计地坪与自然地坪平均厚度≤±300mm的就地挖、填、找平；平均厚度＞±300mm的竖向土方，执行挖一般土方相应定额子目。"土石方工程的工程量计算规则中第二条第2款："挖土深度：（1）室外设计地坪标高与自然地坪标高≤±300mm时，挖土深度从基础垫层下表面标高算至室外设计地坪标高。（2）室外设计地坪标高与自然地坪标高＞±300mm时，挖土深度从基础垫层下表面标高算至自然地坪标高。"

（3）可借鉴《房屋建筑与装饰工程工程量计算标准》（GB/T 50854—2024）中，表A.1.1单独土石方，清单编码为010101001挖单独土方的工程量计算规则："按原始地貌与预设标高之间的挖填尺寸，以体积计算。"计算规则中包括了本案例争议的内容，发包人招标时需要另行列出清单项。

案例61：地基开挖过程中遇到硬花岗岩层，可申请签证吗？

1. 事实阐述

在某项目施工过程中，基坑开挖时遇到硬花岗岩层，引发了土石方综合单价的调整争议。发包人提供的招标地质勘察报告指出局部存在岩石，但不在开挖范围内。招标文件中的清单项目特征描述要求"综合考虑地质情况，投标人需综合考虑土石方类别报价"。然而，实际施工中，承包人遇到大量微风化岩，与勘察报告和招标文件描述不符。

2. 造价争议

🈺【承包人立场】

投标报价是基于发包人提供的勘察报告，但实际施工中遇到的微风化岩量远超预期，故应按签证变更进行价格调整。该项中标清单所包含的价格60元/m³仅为挖一般地基的市场价格，如果全部挖硬花岗岩层，还需要爆破性开挖，两者价格相差一倍。

🈺【发包人立场】

承包人在投标时应当熟悉现场情况，勘察报告已表明局部存在岩石，且招标文件中的清单项目特征描述已写明应综合考虑地质情况，故不予调整价格。中标清单所填报的价格由承包人负责，该项利润的多少与发包人无关。

3. 案例解析

承包人严格遵照验收规范和设计要求施工，而实际地质条件与招标时提供的地质勘察报告存在差异，则应依据工程变更程序申报调整。地质勘察报告指出局部存在岩石的情况，需要核实是否反映在地基开挖高度上。

地质勘察报告是为了提供各设计阶段所需的工程地质资料，勘察工作也相应地划分为选址勘察（可行性研究勘察）、初步勘察、详细勘察三个阶段。本项目中在招标时所提供的地质勘察报告为详细勘察，但是没有对基础工程之上的土层进行详细描述。所以，发生该项硬花岗岩层开挖事件具有不可预见性，由发包人承担费用。

4. 相关依据

（1）依据《建设工程施工合同（示范文本）》（GF-2017-0201）的通用条款第 7.6 条："承包人遇到不利物质条件时，应采取克服不利物质条件的合理措施继续施工，并及时通知发包人和监理人。通知应载明不利物质条件的内容以及承包人认为不可预见的理由。监理人经发包人同意后应当及时发出指示，指示构成变更的，按第 10 条〔变更〕约定执行。承包人因采取合理措施而增加的费用和（或）延误的工期由发包人承担。"

（2）依据《建设工程工程量清单计价规范》（GB 50500—2013）第 3.4.1 条："建设工程发承包，必须在招标文件、合同中明确计价中的风险内容及其范围，不得采用无限风险、所有风险或类似语句规定计价中的风险内容及范围。"

条文说明第 3.4.2～3.4.4 条："根据我国工程建设特点，投标人应完全承担的风险是技术风险和管理风险，如管理费和利润；应有限度承担的是市场风险，如材料价格、施工机械使用费等的风险；应完全不承担的是法律、法规、规章和政策变化的风险。"从此句规定中可以看出，本项目中的该项风险应由发包人承担。

（3）可借鉴《建设工程工程量清单计价标准》（GB/T 50500—2024）第 3.3.1 条："建设工程的施工发承包，应在招标文件、合同中明确计量与计价的风险内容及其范围，不得采用无限风险、所有风险或类似语句约定工程计量与计价中的风险内容及范围。"

案例 62：混凝土桩超灌和凿桩头的费用由哪方承担？

1. 事实阐述

某房地产项目采用定额计价方式，目前处于合同履行阶段。工程桩为旋挖长孔灌注桩，采用导管灌注水下混凝土。设计说明中规定桩顶设计标高以上混凝土超灌高度为 800～1000mm。然而，拔出护筒施工时，受流速和淤泥地质影响，桩顶混凝土出现下沉现象。为满足设计要求，承包人使用较长钢护筒，导致桩深超灌高度超过1000mm。此情况引发双方对超灌混凝土部分计价的争议。

2. 造价争议

🔺【承包人立场】

工程地质条件为流塑状的淤泥质土层，与原招标文件中的地质描述不符。为确保地基承载力，实际桩身混凝土必须超出桩顶设计标高 3000mm 以上，因此超灌混凝土和凿除桩头的费用应按实际情况计算。超灌部分系不可预见的地质条件所致，相关费用应由发包人承担。

👥【发包人立场】

超出 1000mm 以外的部分属于承包方施工技术控制范畴，相关费用应由承包方承担。设计说明已明确规定混凝土超灌高度要求，承包人应对施工过程中出现的技术问题负责。

3. 案例解析

设计说明已明确工程地质情况、桩设计标高及混凝土超灌高度要求。原则上，地质条件导致的超灌费用应由发包人承担。然而，承包人未进行变更签证管理，无法证明超灌源于地质条件变化，导致超灌部分工程量被视为承包人为满足验收要求的自行技术措施。因此，产生的费用应由承包人承担。

在施工过程中，若因流速和淤泥地质影响导致桩顶混凝土出现下沉现象，应编制处理方案并提交监理确认，同时办理现场签证单。承包人所述工程地质条件为流塑状淤泥质土层，与原招标文件中的地质描述存在差异。鉴于流塑状淤泥质土层的认定较为复杂，应聘请专业技术人员进行确认。签证单确认事实后，可据此增加相应费用。

4. 相关依据

（1）依据《建设工程施工合同（示范文本）》（GF-2017-0201）的通用条款第 7.6 条："承包人遇到不利物质条件时，应采取克服不利物质条件的合理措施继续施工，并及时通知发包人和监理人。通知应载明不利物质条件的内容以及承包人认为不可预见的理由。监理人经发包人同意后应当及时发出指示，指示构成变更的，按第 10 条〔变更〕约定执行。承包人因采取合理措施而增加的费用和（或）延误的工期由发包人承担。"

（2）依据《建筑地基基础工程施工规范》（GB 51004—2015）第 5.7.5 条："压灌桩的充盈系数宜为 1.0~1.2，桩顶混凝土超灌高度不宜小于 0.3m。"

案例 63：高压旋喷桩由单管施工改为双管施工，需要调整价格吗？

1. 事实阐述

在某供水保障项目中，采用单价合同，采用工程量清单计价。项目的地基处理采用直径 800mm 高压旋喷桩。招标阶段，设计图纸和清单未明确高压旋喷桩的施工类型和方法，招标控制价和投标报价均按单管法计价。施工过程中，相关部门要求将高压旋喷桩桩长加深 2.4m。承包人根据设计变更和现场施工情况，编制专项施工方案，采用双管法施工，并经专家论证、监理和发包人审批通过。因此，双方就高压旋喷桩的施工方法是否应按合同单价执行产生争议。

2. 造价争议

【承包人立场】

招标文件和清单未明确规定高压旋喷桩的施工方法，承包人按单管法报价实属合理。随着施工过程中桩长的变更及设计单位补充的设计资料，明确要求采用双管法施工，应视为工程变更，故应依据合同条款调整合同价格。

【发包人立场】

清单特征描述与施工图设计一致时，应按合同约定的单价计算。承包人应承担因施工方法变化产生的风险。承包人在投标阶段应充分考虑施工方法，单管法变更为双管法属承包人自身施工方法调整，属承包人风险，故不应调整单价。

3. 案例解析

虽然清单特征描述与施工图设计一致，但因招标文件未明确施工方法，承包人按单管法报价实属合理。施工过程中，桩长变更及采用双管法的要求应视为工程变更，承包人有权依据合同条款要求调整合同价格。建议双方按照合同中工程变更相关条款进行协商，以确保结算公平合理。

相关部门要求将高压旋喷桩桩长加深 2.4m，承包人编写施工方案，监理和发包人审批通过，这表明措施项目发生变更，是由施工环境变化引起的施工方案改变。根据清单计价规范相关规定，施工方案变更应调整综合单价。

4. 相关依据

（1）依据《建设工程工程量清单计价规范》（GB 50500—2013）第 9.3.2 条："工程变更引起施工方案改变并使措施项目发生变化时，承包人提出调整措施项目费的，应事先将拟实施的方案提交发包人确认，并应详细说明与原方案措施项目相比的变化情况。拟实施的方案经发承包双方确认后执行，并应按照下列规定调整措施项目费：……2. 采用单价计算的措施项目费，应按照实际发生变化的措施项目，按本规范第 9.3.1 条的规定确定单价；……"

（2）依据《建筑地基处理技术规范》（JGJ 79—2012）第 7.4.1 条第 2 款："旋喷桩施工，应根据工程需要和土质条件选用单管法、双管法和三管法；旋喷桩加固体形状可分为柱状、壁状、条状或块状。"可以从相应的施工工艺中看出施工所消耗的人材机变化，确定施工方案变更。

（3）可借鉴《建设工程工程量清单计价标准》（GB/T 50500—2024）第 8.9.5 条："为完成工程变更而需增加的额外措施项目，且该费用未包括在本标准第 8.9.1 条～第 8.9.4 条规定计价范围的，增加的措施项目费用应按下列规定计算……"

案例 64：工程造价信息中的材料与实际采购不符，结算如何调整？

1. 事实阐述

北京市某房建项目在新冠疫情期间施工。由于疫情期间北京市内工程材料生产厂家较少，砌体、砂浆、混凝土等许多材料需要从外地运输，导致材料价格成倍增长。合同约定："当工程材料价格涨幅超出 5％时，超出部分的价格按工程造价信息中的价格进行调整。"然而，由于统计工程造价信息时没有当地价格作依据，新冠疫情期间的辅助材料及其他地方材料的价格未作调整，该项目缺乏调整依据，该如何处理？

2. 造价争议

📚【承包人立场】

按照实际采购材料价格进行调整。当时上报材料价格时，发包人的现场管理人员未予以确认，因此责任在于发包人，并由此提出索赔主张。我方曾到定额站询问工程造价信息的依据，得到的回复是，由于许多当地材料供应商在疫情期间停止生产，因此缺乏价格依据。然而，实际采购的材料是从外地运输来的，因此应根据供货材料的价格进行结算。

👥【发包人立场】

根据合同约定进行调整。主要材料中的钢筋和混凝土涨幅超出了 5％，仅调整这两项，其他材料不得调整。外省材料的供应缺乏可靠的供货信息来源，仅凭供货合同无法确认供货单价的准确性，因此没有调整依据，不予调整其他材料。

3. 案例解析

可以提出索赔方案，双方进行协商处理。发包人也承认北京市的地方材料价格无法统计，仅是没有合理的依据进行调整。调整依据可以参考供货材料价格，但还需要通过其他证据证明供货单价的合理性。

为了确认实际交易时的市场价格，可以找到当时北京周边地区的材料供货商询价作为依据，或参考分供商招标时的报价表。此外，还需要对比北京周边地区工程造价信息中注明的价格，或参考材料价格协会的建议价格。通过多方证据证实采购价格是合理的市场价格后，建议通过谈判方式解决该项争议。

4. 相关依据

可依据以下证明材料确定：

（1）实际采购材料合同、付款证明、询价表；
（2）该地区周边省市的工程造价信息中的材料价格；
（3）本地区定额站询问记录、回复笔录；
（4）新冠疫情期间材料使用数量统计表。

案例 65：合同解除后，总价措施项目的结算如何处理？

1. 事实阐述

某住宅工程中，发包人下达暂停施工指令后提出解除合同。该工程采用单价合同，合同解除时主体结构已全部完成，二次结构完成 80%。双方就安全文明施工费、垂直运输费及综合脚手架费用的结算产生争议，而合同对解除后已完工程价款的结算未作明确约定。

2. 造价争议

【承包人立场】

本工程主体结构已全部完成，二次结构已完成 80%。垂直运输费和综合脚手架费主要发生于主体结构及二次结构阶段，故应全额计算。安全文明施工费承包人已按整个工程投入，应予全额计算。

【发包人立场】

措施费中的综合脚手架费、垂直运输费及安全文明施工费用于整个工程。鉴于合同中途解除，部分二次结构、装修和机电工程尚未完成，不宜全额计算。按分部分项工程的完成比例计算措施费比较合理。

3. 案例解析

对于合同解除后的结算，应结合发承包双方的过错责任，遵循保护守约方、避免违约方不当获利的原则进行。本项目因发包人先暂停施工后主张解除合同，应属于发包人违约导致合同解除的情形。

综合脚手架、垂直运输费、安全文明施工费应按照实际实施情况进行计算，中标清单中的综合脚手架、垂直运输费、安全文明施工费组成如表 2-4 所示。

表 2-4　总价措施项目清单与计价汇总表

序号	子目名称	不含税金额/元	组价情况
1	安全文明施工	6919204.29	按照费率计价
1.1	安全施工费	1526165.33	建筑 5.19%；安装 4.99%
1.2	文明施工费	1534987.10	建筑 5.22%；安装 4.92%
1.3	环境保护费	1373254.74	建筑 4.67%；安装 4.51%
1.4	临时设施费	2484797.12	建筑 8.45%；安装 7.94%
3	脚手架工程费	1622174.20	—
3.1	钢筋混凝土结构	521399.69	—
3.2	二次结构	470615.20	—
3.3	装修脚手架	471147.15	—
3.4	安装脚手架	159012.16	—
4	垂直运输费	1707908.41	按照 58 元/m² 计算

关于综合脚手架、垂直运输费、安全文明施工费争议的解决，其基础建立在双方就现场脚手架、垂直运输机械（含基础）、安全、文明、环保、临时设施等合同解除后的处理方式是否达成共识。发包人是否全部或部分接收，或是要求拆除，双方应本着互利互惠的原则协商确定，以避免重复投入。针对综合脚手架费、垂直运输费、安全文明施工费争议的解决，提出如下建议：

（1）安全文明施工费用应按双方确认的安全文明施工方案计算总费用（A）及已实际完成费用（B）。若发包人全部接收承包人现场安全文明设施，则按实际实施费用结算；若发包人不接收，则按实际实施费用加拆除费用结算，或按比例计算，即 $6919204.29 \times (B + 拆除费用) \div A$。

（2）垂直运输费用按照双方确认的垂直运输方案计算，包括全部实施费用（C）和已实际完成费用（D）。计算公式为：实际已实施费用 ＋ 设备基础拆除费用 ＋ 设备出场费用；或按比例计算，即 $1707908.41 \times (D + 设备基础拆除费用 ＋ 设备出场费用) \div C$。

（3）脚手架按照实际完成计算，如表 2-5 所示。

表 2-5 脚手架费用结算分析

序号	子目名称	不含税金额/元	结算费用
1	脚手架工程费	1622174.20	—
1.1	钢筋混凝土结构	521399.69	按 100％ 计算
1.2	二次结构	470615.20	按 80％ 计算
1.3	装修脚手架	471147.15	不计算
1.4	安装脚手架	159012.16	159012.16×已完安装工程造价÷安装工程总造价

4. 相关依据

依据《建设工程造价鉴定规范》（GB/T 51262-2017）第 5.10.6 条："单价合同解除后的争议，按以下规定进行鉴定，供委托人判断使用：1. 合同中有约定的，按合同约定进行鉴定；2. 委托人认定承包人违约导致合同解除的，单价项目按已完工程量乘以约定的单价计算（其中，单价措施项目应考虑工程的形象进度），总价措施项目按与单价项目的关联度比例计算；3. 委托人认定发包人违约导致合同解除的，单价项目按已完工程量乘以约定的单价计算，其中剩余工程量超过 15％ 的单价项目可适当增加企业管理费计算。总价措施项目已全部实施的，全额计算；未实施完的，按与单价项目的关联度比例计算。未完工程量与约定的单价计算后按工程所在地统计部门发布的建筑企业统计年报的利润率计算利润。"

案例 66：承包人合理化建议所节约的成本，在结算时应扣除吗？

1. 事实阐述

天津某仿古建筑项目，招标图纸设计了一座八角双层凉亭（图 2-1）。其柱子原本为直径 300mm、高 8m 的木柱。在施工过程中，由于圆木价格昂贵，承包人建议改用混凝土柱代替。发包人收到这一合理建议后，赴外地考察并确认了该方案的可行性，随后将设计图纸中的木柱变更为直径350mm的混凝土圆柱。

招标文件采用清单计价方式，木柱、木梁的清单按设计图纸尺寸以体积计算，包括制作、运输、安装及柱表面防腐漆涂刷。图纸变更后，承包人搭设钢管脚手架，支模板浇筑钢筋混凝土。由于混凝土用量较少，混凝土罐车无法进入施工现场，故采用人力车运送混凝土，并在脚手架上安装临时混凝土运料斗，最终完成了16根混凝土柱子和混凝土水平系梁的浇筑工作。

在结算时，发包人提出将此项工程变更金额减少12万元，理由是圆木柱在报价表中价格较高，改用混凝土柱子可以降低成本。然而，承包人认为这是由于自己提出的合理化建议才节省了费用，因此不应再扣减费用。对此，双方产生了争议。

图 2-1　八角双层凉亭

2. 造价争议

📖【承包人立场】

木柱改为直径350mm的混凝土圆柱是基于以往施工经验提出的建议。从质量角度考虑，木柱在风干后容易开裂，外观也不如混凝土柱。为发包人提出这样的建议是正确的。如果当初没有提出这个合理建议，原本应该支出的费用不会减少。通过这次工程变更，节省的费用不应被扣除。

变更以后，增加了搭设钢管脚手架、支模板浇筑钢筋混凝土等工序，预算定额中的价格明显偏低，无法覆盖实际成本。人力车运送混凝土以及安装临时混凝土运料斗的垂直运输费用在预算定额中并未包含，难以确定具体价格。从成本投入角度来看，木柱变更为混凝土圆柱并未减少总体成本，只是将采购木料的费用转化为采购钢筋的支出。由于市场上柱内所需钢筋用量较少，临时采购价格往往高于正常情况。综合考虑，实际投入费用并未减少，因此不应再扣减款项。

👥【发包人立场】

报价表中采用清单计价方式，变更后应执行工程变更计价。承包人提出的合理化建议仅供参考，所节约的成本不归承包人所有。变更后可参考预算定额计价进行结算。关于人力车运送混凝土以及安装临时混凝土运料斗的垂直运输费用：共有15名工人工作了2天，按每个工日350元计算，应补偿10500元；安装的运料斗为市场租赁，按每天1000元计算，共计2天，应补偿2000元。总计补偿金额为12500元。

3. 案例解析

承包人提出的合理化建议是基于其丰富的实践经验，值得认真考虑其所提供的价值。发包人应同意增补预算定额之外的合理支出，在计算成本费用的基础上适当增加其他费用，例如承包人提出的临时采购钢筋的价格差，以及承包人的组织管理费用。

按照清单计价规范的规定，将木柱改为直径350mm的混凝土圆柱属于工程变更。尽管未签发正式的变更通知单，但此事件仍应定性为工程变更。对于此类工程变更的价款确定，可采用清单计价规范中规定的方法：在没有类似项目的情况下，应重新组价确定单价。

4. 相关依据

（1）依据《建设工程工程量清单计价规范》（GB 50500—2013）第9.3.1条4款："因工程变更引起已标价工程量清单项目或其工程数量发生变化时，应按照下列规定调整：已标价工程量清单中没有适用也没有类似于变更工程项目，且工程造价管理机构发布的信息价格缺价的，应由承包人根据变更工程资料、计量规则、计价办法和通过市场调查等取得有合法依据的市场价格提出变更工程项目的单价，并应报发包人确认后调整。"

第9.3.2条："工程变更引起施工方案改变并使措施项目发生变化时，承包人提出调整措施项目费的，应事先将拟实施的方案提交发包人确认，并应详细说明与原方案措施项目相比的变化情况。拟实施的方案经发承包双方确认后执行，并应按照下列规定调整措施项目费：……2. 采用单价计算的措施项目费，应按照实际发生变化的措施项目，按本规范第9.3.1条的规定确定单价；……"

（2）可借鉴《建设工程工程量清单计价标准》（GB/T 50500—2024）第8.9.1条第4款："不同施工条件下实施不同项目特征的清单项目，可依据工程实施情况，结合同类工程类似清单项目的综合单价，协商确定市场合理的综合单价。"

案例67：综合单价合同中，设计优化导致窗纱变化时，价格是否可以调整？

1. 事实阐述

在一项门窗工程中，采购清单详细列出了各类纱门纱窗的尺寸和数量，并要求投标人以"樘"或"户"为单位报价。施工过程中，双方同意对高层户型的纱窗进行设计优化，以提高抗风强度和安全性。然而，双方就优化后的纱窗是否需要调整综合单价产生了争议。发包人主张将中标单价换算成"m^2"进行结算，而承包人则坚持按照单价合同中关于单价不变的规定执行，以"樘"或"户"为单位结算，并根据竣工验收后双方确认的数量进行结算。

2. 造价争议

🗨【承包人立场】

应遵循合同中关于单价不变的约定，以"樘"或"户"为计量单位进行结算。换算为"m^2"不仅违反合同约定，还可能导致价格偏离，影响门窗框架及五金配件的成本分摊。

将中标单价换算成"m²"单位进行结算可更准确地反映实际施工情况，鉴于设计优化可能导致材料用量和施工工艺的变更。变更导致的消耗量增减，需要按实际施工情况进行结算。

3. 案例解析

在合同中明确规定以"樘"或"户"为单位进行报价的情况下，结算时更改为"m²"单价需谨慎处理。若合同未约定结算方式，应优先遵循合同约定的计价单位。设计优化可能改变材料使用和施工工艺，但不意味着调整单价，若要调整单价需明确变更是否导致实际施工量变化。此外，承包人主张按"樘"或"户"结算符合合同约定，换算为"m²"可能导致价格偏离，故承包人有理由要求按合同约定执行。

窗纱优化应视为设计变更，建议保留原有计量单位，但对变更部分的工程量单独核算。如因变更导致工艺、材料等发生重大变化，可重新计算该部分的综合单价。窗纱价格可参考市场行情，由双方通过询价或以往报价明细确定，并本着公平合理的原则协商达成一致。

4. 相关依据

依据《中华人民共和国民法典》第五百四十三条："当事人协商一致，可以变更合同。"

第五百三十三条："合同成立后，合同的基础条件发生了当事人在订立合同时无法预见的、不属于商业风险的重大变化，继续履行合同对于当事人一方明显不公平的，受不利影响的当事人可以与对方重新协商；在合理期限内协商不成的，当事人可以请求人民法院或者仲裁机构变更或者解除合同。"

案例 68：在单价合同中，门窗玻璃尺寸变更是否允许调整综合单价？

1. 事实阐述

某教学楼项目采用工程量清单计价模式，实行综合单价合同。在主体结构施工阶段，发包人方相关领导通过查看立体效果图，发现该项目窗户样式与其他学校不同。因此，要求调整窗户的中樘位置。

承包人指出，加工玻璃尺寸的变更导致玻璃废料增多。根据原设计图纸，一块标准玻璃加工后的剩余部分恰好可用于卫生间小窗。然而，图纸变更后增加了玻璃的消耗量，承包人就此变更内容提出索赔要求。

2. 造价争议

【承包人立场】

窗户中樘位置变更后，影响了玻璃尺寸。在投标报价时，门窗供货商考虑到各门窗的尺寸进行综合报价，计划利用大窗户剩余玻璃来制作卫生间小窗的玻璃。确定门窗供货商后，填报了综合单价。现在因变更导致门窗供货商要求涨价，这种损失应予以赔偿，因为是由变更引起的。

【发包人立场】

合同约定门窗按图示面积计算工程量，施工图纸中的面积未发生变化，因此不应调整综合单价。更改窗户中樘位置并不会增加窗户的材料用量。承包人认为玻璃尺寸变化导致的损失，应当在施工组织中予以考虑，供应商的价格与此项结算无关。

3. 案例解析

门窗中樘位置变化导致玻璃尺寸变化不应作为调整合同价款的依据。施工成本的变化也不能成为调整合同价款的理由，承包人提出"玻璃废料较多"的索赔依据不足，这属于承包人应承担的风险。

在进行工程变更时，需要全面考虑当时的具体情况。例如，发包人下达工程变更指令后，应评估是否给承包人造成了损失。如果确实存在实际损失，且有充分证据支持，承包人可依法获得赔偿。

综上所述，造价结算与施工成本实际上是两个不同的概念。承包人常常误认为应以实际发生的成本来确定结算价格，但这种观点是不正确的。承包人不应仅通过口头解释来说服发包人，而是需要提供具体依据，明确说明变更所带来的经济损失。

4. 相关依据

（1）依据《房屋建筑与装饰工程工程量计算规范》（GB 50854—2013），表 H.7 金属窗中项目编码为 010807001 的金属窗的项目特征描述："1. 窗代号及洞口尺寸；2. 框、扇材质；3. 玻璃品种、厚度。"

（2）依据《中华人民共和国民法典》第七百七十七条的规定："定作人中途变更承揽工作的要求，造成承揽人损失的，应当赔偿损失。"

（3）依据《建设工程工程量清单计价规范》（GB 50500—2013）第 2.0.16 条"工程变更"术语标准："合同工程实施过程中由发包人提出或由承包人提出经发包人批准的合同工程任何一项工作的增减、取消或施工工艺、顺序、时间的改变；设计图纸的修改；施工条件的改变；招标工程量清单的错、漏从而引起合同条件的改变或工程量的增减变化。"符合设计图纸的修改，可认定为工程变更。

第 9.3.1 条第 2 款："已标价工程量清单中没有适用但有类似于变更工程项目的，可在合理范围内参照类似项目的单价。"

（4）可借鉴《房屋建筑与装饰工程工程量计算标准》（GB/T 50854—2024）中，表 H.7.1 金属窗，项目编码为 010807001 的金属（塑钢）窗，其项目特征描述："1. 窗洞口尺寸；2. 窗类型；3. 开启方式；4. 框、扇材质及规格；5. 玻璃品种、厚度；6. 五金种类、规格；7. 其他工艺要求。"项目特征也未体现出玻璃尺寸的描述，此处与计算规范相符。

（5）可借鉴《建设工程工程量清单计价标准》（GB/T 50500—2024）第 8.9.1 条第 2 款："相同施工条件下实施类似项目特征的清单项目或类似施工条件下实施相同项目特征的清单项目，应采用类似清单项目的合同单价换算调整后的综合单价。"

案例 69：发包人指定分包单位所造成的损失，由谁承担赔偿责任？

1. 事实阐述

在新冠疫情期间的一个房建项目中，发包人指定分包单位，将防水、保温、门窗、桩基、涂料等工程分包给其他单位。发包人定价偏高，分包单位与总承包单位签订的是内部指定价格合同。总合同额为 10 亿元，其中分包合同额占 3 亿多元。合同约定总承包服务费为 0.8%，合同中约定的服务内容事项特别详细。在此情况下，因新冠疫情影响导致承包人工期超合同约定，成本增加、利润减少，是否可以向发包人提出索赔？

2. 造价争议

【承包人立场】

高利润项目均由分包方承接，且总承包服务费偏低，此系发包人指定分包单位所致，应向发包人索取利润补偿。主体工程已竣工，承包工程呈亏损状态，需按分包合同总价扣除 3% 方可维持正常工程利润。

【发包人立场】

总承包与分包签订的合同中，承包人的盈亏与我方无关，不应承担赔偿责任。从合同角度而言，在指定分包单价时，承包人有权选择接受与否；既然接受了单价并签订了分包合同，就应当严格按照合同约定的单价执行。

3. 案例解析

这是当前房地产行业的普遍现象，承包人成功索赔的案例较为罕见。从合同角度看，发包人与分包人无直接关系；从实际操作角度看，发包人与分包人共同受益，而承包人利润减少且风险增加。由于工程质量和进度不由承包人控制，仅通过其财务账目进行结算，承包人处于被动地位。

虽然合同中并没有约定发包人指定分包人如造成损失由谁承担责任，但分包合同中明确约定了服务内容、相关事项及工期，承包人可据此向分包人索赔超出约定工期的服务费用。新冠疫情期间，实际施工工期大幅超出合同工期，可要求分包方承担超出工期的总承包服务费。分包合同中约定事项越明确，计算总承包服务费就越便捷。

4. 相关依据

2020 年 2 月 26 日住房和城乡建设部办公厅发出了《关于加强新冠肺炎疫情防控，有序推动企业开复工工作的通知》，文件要求："认真落实党中央、国务院有关决策部署，加强房屋建筑和市政基础设施工程领域疫情防控，有序推动企业开复工。"并进一步提出加强合同履约变更管理："疫情防控导致工期延误，属于合同约定的不可抗力情形。地方各级住房和城乡建设主管部门要引导企业加强合同工期管理，根据实际情况依法与建设单位协商合理顺延合同工期。停工期间增加的费用，由发承包双方按照有关规定协商分担。"

从 2020 年 2 月 14 日开始，各地建设行政主管部门、电力工程造价与定额管理总站相继发布了针对新冠疫情事件影响进行工程造价和工期调整的有关文件，其中北京对停工工程工期要求如下：

① 自本市决定启动重大突发公共卫生事件一级响应之日至《北京市住房和城乡建设委员会关于施工现场新型冠状病毒感染的肺炎疫情防控工作的通知》（京建发〔2020〕13 号）第一条规定之日，工程开复工时间受疫情防控影响的实际停工期间为工期顺延期间。

② 政府投资和其他使用国有资金投资的工程，在疫情影响期间开复工的，发承包双方应当按照下列原则协商签订补充协议：在《北京市住房和城乡建设委员会关于施工现场新型冠状病毒感染的肺炎疫情防控工作的通知》（京建发〔2020〕13 号）第一条规定之日后，受疫情防控影响的停工期间，发承包双方根据实际情况，友好协商确定工期顺延期间；可顺延工期的停工期间发生的承包人损失，由发承包双方协商分担，协商不成的，可参照《建设工程工程量清单计价规范》（GB 50500—2013）第9.10 节有关不可抗力的规定处理。

③ 国家和本市有关疫情防控规定导致施工降效的，发承包双方应当协商确定合理的顺延工期或顺延工期的原则。

案例 70：混凝土地面发生工程质量问题，结算时可以扣除费用吗？

1. 事实阐述

某汽车销售中心建设项目设计要求地面为 200mm 厚混凝土面层，内配钢筋网片，垫层为 300mm 厚灰土。由于发包人急于销售仓储汽车，未经竣工验收就将汽车放入仓库内投入使用。结算时，发包人以地面开裂为由扣留 2% 的剩余工程款。承包人提出的修复方案是在裂缝中注入沥青，然后重新涂刷自流平地面。但发包人认为这种方法只能暂时解决问题，一年后还会开裂，无法永久修复。

双方就地面修复方案产生了争议。承包人认为，修复完成后如果还有质量问题，可以用剩余的 5% 质量保证金来解决，且应在工程结算后再考虑。然而，发包人拒绝办理结算，拖延时间长达半年之久，问题始终得不到合理解决。无奈之下，承包人召集分包工人堵门抗议，阻止发包人继续使用仓库，并要求发包人在修复完成后再考虑投入使用。由此，双方矛盾加深，互不相让，导致争议进一步扩大。

2. 造价争议

📑【承包人立场】

地面开裂可能由多种因素引起，其中不能排除以下两种可能：第一种，发包人为了加快仓储汽车销售而过早使用场地，导致混凝土强度尚未完全达标就承受了货车碾压；第二种，可能存在设计问题，例如地面与柱墩处的裂缝可能是由基础沉降不均匀造成的。

需要注意的是，地面开裂的裂缝并不严重，与地面分格伸缩缝大小相当。解决这一问题可以采取在裂缝中注入沥青的方法，从美观角度考虑，也可以重新涂刷自流平地面来覆盖裂缝。事实上，仓库地面开裂是一种常见现象，通常的处理方法也是在裂缝中注入沥青。对于有特殊洁净环保要求的地面，可以采用橡胶或 PVC 地面材料。因此，这种质量问题并不影响仓库的正常使用，不应过分纠结于此。

退一步讲，质量问题应当通过质量保证金来处理，而不应在结算时直接扣除相关费用。以地面开裂为由扣留 2% 的工程款是不合理的做法，这可能反映了发包人不愿支付工程款，借故扣留的意图。工程结算和工程质量是两个不同的问题，不应混为一谈。暂停销售后进行修补是正常的施工流程，不应成为结算工程款时的争议点。

👥【发包人立场】

通过当时的施工照片发现，部分区域未放置钢筋网片，导致地面开裂。监理在会议纪要中已记录了这一事实。在灰土垫层碾压过程中，监理多次强调不应采用现场机械拌合方式，而应集中拌合完成并取样后再进行机械摊铺。然而，项目经理未听从指示，最终造成基础质量不合格。

施工图纸中的地面做法占总造价的 2%。在结算时，应扣除质量不合格的部分。地面裂缝每年都会加宽，通常在两年后才会停止开裂。因此，扣留的工程款仅反映在当前的结算中，如果后期需要修复，款项可再退回。质量保证金 5% 是合同中事先约定的费用，用于竣工后没有重大质量问题的情况，并非用于解决当前已存在的质量问题。

3. 案例解析

办理工程结算与工程质量是两个不同的概念，质量与价格并无直接关系。质量不合格的情况可以通过修复来解决，但如果修复后仍不合格，或者无法通过修复达到合格标准时，则应协商经济补偿，或寻求第三方鉴定机构来确定价格。

承包人提出的通过注入沥青和重新涂刷自流平地面来覆盖裂缝的方法，需要经过专家论证，而不能仅凭以往经验来解决问题。双方可以寻求权威机构出具修复方案，或联系加固单位寻找解决方案。

在本案例中，承包人与发包人的争议主要集中在责任划分和费用扣除上。若承包人能够证明地面开裂不是由于自身原因造成，并且提出的修复方案是合理的，则不应被扣除 2% 的工程款。建议双方寻求第三方专家进行评估，以便达成合理解决方案。

4. 相关依据

（1）依据《最高人民法院关于审理建设工程施工合同纠纷案件适用法律问题的解释（一）》（法释〔2020〕25 号）第十四条："建设工程未经竣工验收，发包人擅自使用后，又以使用部分质量不符合约定为由主张权利的，人民法院不予支持；但是承包人应当在建设工程的合理使用寿命内对地基基础工程和主体结构质量承担民事责任。"

第十六条："发包人在承包人提起的建设工程施工合同纠纷案件中，以建设工程质量不符合合同约定或者法律规定为由，就承包人支付违约金或者赔偿修理、返工、改建的合理费用等损失提出反诉的,人民法院可以合并审理。"

(2) 依据《住房城乡建设部、财政部关于印发建设工程质量保证金管理办法的通知》(建质〔2017〕138号)第二条:"本办法所称建设工程质量保证金(以下简称保证金)是指发包人与承包人在建设工程承包合同中约定,从应付的工程款中预留,用以保证承包人在缺陷责任期内对建设工程出现的缺陷进行维修的资金。"

第八条:"缺陷责任期从工程通过竣工验收之日起计。由于承包人原因导致工程无法按规定期限进行竣工验收的,缺陷责任期从实际通过竣工验收之日起计。由于发包人原因导致工程无法按规定期限进行竣工验收的,在承包人提交竣工验收报告90天后,工程自动进入缺陷责任期。"

第九条:"缺陷责任期内,由承包人原因造成的缺陷,承包人应负责维修,并承担鉴定及维修费用。如承包人不维修也不承担费用,发包人可按合同约定从保证金或银行保函中扣除,费用超出保证金额的,发包人可按合同约定向承包人进行索赔。承包人维修并承担相应费用后,不免除对工程的损失赔偿责任。由他人原因造成的缺陷,发包人负责组织维修,承包人不承担费用,且发包人不得从保证金中扣除费用。"

案例71:认质认价的材料及设备在结算时
需要下浮吗?

1. 事实阐述

某项目采用单价合同,施工过程中对部分材料、设备进行确认价格,由发包人、监理工程师、承包人共同参与定价。招标时因设计图纸中注明排水沟盖板为二次设计,将此列为暂估价,并且指定太阳能热水器为甲规格。施工过程中,发包人下达变更通知单,将热水器更改为乙,认价为8000元/套;排水沟盖板经设计沟通后出具施工详图,认价为900元/m;发包人发现厂房大窗户的窗扇距地面较高,需要增设电动开窗器,认价为3500元/套;因厂房用途变更,原设计为物流中转仓库,现改为服装加工,需要增设通风设施中央空调设备认价为120000元/台。工程结算时,发包人主张认质认价部分的材料、设备按中标价与招标控制价的下浮率10%调整结算价款,而承包人认为认质认价后的实际采购价格不应下浮,双方产生争议。

2. 造价争议

📖【承包人立场】

在认价过程中,价格是按照市场询价确定的。认价过程体现了发包人对材料、设备价格的真实意愿,不应推翻已确认的价格。认价单上未注明包含差价和利润,实际采购价格与认价价格一致,可提供分包合同和付款记录作为证明。我方主张所有经过认质认价的材料、设备均不应下浮价格。

👥【发包人立场】

无论是工程造价信息价中的材料、设备单价,还是市场询价确定的材料、设备价格,均应按中标价与招标控制价的下浮率10%调整结算价款。承包人在投标时已考虑下浮率，属于让利行为。既已中标，即表明对中标价格全部内容予以认可。结算时不应以采购价格确定结算价格，即使采购价格高于认质认价，也仅能说明其他项目的材料、设备中存在利润，该项损失可在其他项目中得到补偿，不应更改合同约定条款。

3. 案例解析

认质认价确定的材料及设备单价，除非合同专用条款中有明确约定需要结算时按中标下浮率下浮，否则在结算时不受合同下浮的约束。

认质认价是发承包双方在施工过程中对未定价材料（如暂估价材料、新增变更材料）及设备通过市场询价共同确认价格的书面文件，其性质是对原合同的补充约定，可视为补充协议，其效力优先于原合同条款。下浮一般针对的是承包人自主报价的竞争性部分（如人工费、管理费），而认价材料及设备是双方根据实际采购成本确定的，不属于承包人自主报价的范围。认质认价中的价格通常采用的是市场询价，若再下浮，相当于要求承包人在实际成本基础上二次让利，显失公平。

4. 相关依据

（1）根据清单计价规范中关于暂列金、工程变更和现场签证的相关规定，结合本项目的认质认价材料和设备，分析三者的区别和差异。相关依据如下。

依据《建设工程工程量清单计价规范》（GB 50500—2013）条文说明第 6.2.8 条：“实行工程量清单招标，投标人的投标总价应当与组成工程量清单的分部分项工程费、措施项目费、其他项目费和规费、税金的合计金额一致，即投标人在投标报价时，不能进行投标总价优惠（或降价、让利），投标人对招标人的任何优惠（或降价、让利）均应反映在相应清单项目的综合单价中。”

第 9.3.1 条第 3 款：“已标价工程量清单中没有适用也没有类似于变更工程项目的，应由承包人根据变更工程资料、计量规则和计价办法、工程造价管理机构发布的信息价格和承包人报价浮动率提出变更工程项目的单价，并应报发包人确认后调整。”

条文说明术语标准第 2.0.24 条关于“现场签证”的术语解释：“专指在工程建设的施工过程中，发承包双方的现场代表（或其委托人）对施工过程中由于发包人的责任致使承包人在工程施工中于合同内容外发生了额外的费用或其他与合同约定事项不符的情况，由承包人通过书面形式向发包人提出并予以签字确认的证明。”

（2）依据《中华人民共和国民法典》第五百一十条：“合同生效后，当事人就质量、价款或者报酬、履行地点等内容没有约定或者约定不明确的，可以协议补充；不能达成补充协议的，按照合同相关条款或者交易习惯确定。”

（3）可借鉴《建设工程造价鉴定规范》（GB/T 51262—2017）第 5.6.4 条：“材料价格在采购前经发包人或其代表签批认可的，应按签批的材料价格进行鉴定。”

案例 72：在总价合同中，深化设计图纸是否可以作为结算依据？

1. 事实阐述

某精装修施工 EPC 项目中，发承包双方签订的施工合同约定：合同价为 4700 万元，采用固定总价包干方式承包，施工工期为 300 天。合同规定总价包干中为包工、包料、包质量、包工期、保安全、包文明施工等。若不涉及设计变更或增加工作内容，合同总价已包括施工图纸范围内工程内容和合同约定的工作内容相关费用，结算时固定总价包干不作调整。

合同附件对设计变更有效性有专门规定，必须由设计单位出具设计变更通知单并由发包人签字方可作为结算依据。合同专用条款关于合同价款第 5.1 条规定："合同为固定总价，包括但不限于人工、材料、机械、规费、利润及各项税费等相关费用，并包括材料损耗，结算时不因施工期间的任何因素、条件变化而调整。"

合同同时约定，承包人应对施工图纸进行深化设计，因深化设计所产生的设计费用包含在合同总价内，不另计算。承包人进场后，对原设计精装修工程图纸进行了深化设计，并经发包人确认同意后施工。竣工验收后，发承包双方在结算过程中就深化设计后的施工图纸是否作为结算依据产生了争议。

2. 造价争议

【承包人立场】

深化设计按照合同约定进行，经发包人、监理单位及设计单位共同确认后形成施工图纸。承包人按深化设计后的图纸完成施工，并通过竣工验收。各方认可深化图纸，施工中发包人未对施工图纸及价款调整提出异议，深化设计不属于合同约定可调价款范围。

发包人提出深化设计改变了原设计图纸，是因承包人发现原设计图纸不合理，部分材料不适用于潮湿环境，可能导致严重质量问题。深化设计时对部分材料进行了替换，以保证工程质量。发包人知晓此优化设计调整，未提出异议，也未按合同约定提出设计变更程序要求，不符合设计变更的约定生效条件。

发包人提供的装修设计图纸基本完整。虽设计单位对细部设计存在遗漏或瑕疵，局部需优化或深化，但作为有经验的承包人可合理推断实际做法，不影响总价合同基础，应按约定总价包干结算。

发包人提供的设计图纸存在瑕疵或不完整性，合同约定承包人进行二次深化设计，且为总价合同。这符合工程总承包条件，可视为发包人提供初步设计图纸，双方签订总承包合同，约定为总价合同，由承包人进行施工图设计并负责施工。基于工程总承包属性，应维持总价合同，不同意就深化设计及其合理优化设计部分调整合同价款。

【发包人立场】

承包人的深化设计导致原设计图纸发生实质性变更，深化后的设计方案与原设计图纸存在显著差异。经成本部核算，按深化设计的施工图纸重新计价比合同价减少约 200 万元。鉴于实际施工与原合同设计图纸不符，应以实际施工图纸为依据进行结算。

深化设计后的施工图纸与合同价中的工程量清单项目特征描述不一致。根据清单计价规范相关规定，当工程量清单项目特征与图纸不符时，结算应以施工图纸为准。

3. 案例解析

承包人的深化设计是合同约定的发包人赋予承包人的权利，主要为细化合同图纸、对图纸进行必要的非实质性修改。调整原设计图纸中所使用的材料，对原设计采用材料进行代换，旨在保证工程质量，避免发包人后续的损失，最终使发包人受益。若不调整该设计做法，后续使用中可能产生严重质量问题，造成发包人损失。因避免损失扩大而发生的合理费用，应由发包人承担。

总价合同的前提是图纸包干。除非合同明确约定工程量清单的合同效力及适用性，原则上工程量清单不能作为结算依据。《工程造价术语标准》（GB/T 50875—2013）中关于"总价合同"的定义为：发承包双方约定以施工图及其预算和有关条件进行合同价款计算、调整和确认的建设工程施工合同。提供准确的图纸是发包人的义务，包括承包范围内合同图纸和规范所确定的工作。但为完成工程所必需的、根据合同文件可以合理预见的工作，以及合同约定承包人应履行的其他义务，均包含在总价范围内。

关于案例合同是否属于工程总承包合同性质，由于发包人提供的设计图纸并不能作为直接施工的最终图纸，承包人对图纸进行深化可理解为"二次设计"。经过二次深化（优化）设计后的图纸才可成为施工图纸，使承包人"按图施工"有据可依。这可视为具备工程总承包的特征，严格来说是设计施工总承包（DB）模式特征。

综上所述，承包人的深化设计不属于合同价款可调整范围；优化设计对原设计图纸的调整，是基于原设计方案不合理，其目的是避免发包人损失，发包人为受益人。如果基于此种情形还要扣减承包人的工程价款，有失公允，也有违诚信原则。因此，本案例中因深化（优化）设计引起的价款变动，不应由承包人承担。

4. 相关依据

（1）依据《中华人民共和国民法典》第五百九十一条："当事人一方违约后，对方应当采取适当措施防止损失的扩大；没有采取适当措施致使损失扩大的，不得就扩大的损失请求赔偿。当事人因防止损失扩大而支出的合理费用，由违约方负担。"

（2）依据《建设项目工程总承包计价规范》（T/CCEAS 001—2022）第2.0.23条对"优化设计"的术语解释为："承包人从满足发包人要求的众多设计方案中选择最佳设计方案的设计方法。"第2.0.24条对"深化设计"的术语解释为："承包人对发包人提供的设计文件进行细化、补充和完善，满足设计的可施工性的要求。"

其"条文说明"中进一步规定，承包人进行的优化设计或深化设计在满足发包人要求的前提下，其盈亏均由承包人承担。

案例73：旧楼改造项目，扣除因拆除不当而破坏的材料，是否合理？

1. 事实阐述

某旧楼改造项目中，建筑外墙需要拆除并重新装修，包括更换外墙门窗、栏杆和空调机罩等。室内的地面砖、墙面抹灰和顶棚涂料等都需要拆除。水电改造部分仅涉及拆除灯具、插座、开关及明露管线。

拆除后的区域将重新装修，以达到现代风格。原计划是将拆除的门窗进行维修和油漆后重新安装，拆除的地面砖则铺贴到屋面。然而，在施工过程中，承包人采取了暴力拆除的方式，导致门窗损坏严重，拆除的门窗仅有70%能够继续使用。地面砖在拆除后几乎无法再利用。

在结算时，发包人要求扣除因拆除不当而破坏的部分材料费用，但承包人不同意这种处理方式，因此双方产生了争议。

2. 造价争议

💱【承包人立场】

在拆除过程中，采用了人工拆除的方法，并未使用机械破拆。然而，原有门窗安装牢固，工人不得不使用钢钎和撬棍，导致实际用工量远超预算定额。拆除地面砖时，发现砖背面与地面结合层黏结极为牢固，无法单独揭开。此外，在新开承重墙上的门时，拆除的墙体砸到地面，也无法保留完整的面砖。综合考虑这些因素，所采用的拆除方式并无不当之处，因此不应再扣除材料费用。

👥【发包人立场】

无论采取何种拆除方式，都应完好保留原有门窗。招标清单中描述的是拆除门窗，并未约定破除门窗，因此，应该赔偿被破坏部分的费用。地面砖的拆除可根据实际情况进行，但部分房间地砖存在空鼓现象，并非如承包人所说"砖背面与地面结合层黏结极为牢固"（图 2-2）。虽然有一定破损率属正常情况，但过高的破损率使得这种施工方案难以接受。

拆除的旧门窗材料可作为废品回收，而非由承包人自行处理。尽管招标清单约定垃圾清运由承包人自行考虑，但拆除的旧门窗材料不应归类为垃圾。此外，不锈钢杆、空调罩的数量也有出入，现场仅剩余少量废料，不足该项拆除总量的三分之一。

综合考虑后，建议按以下标准进行处理：旧门窗按 400 元/m^2 扣除；地面砖按完好率 30% 考虑，价格按 20 元/m^2 扣除；拆除的钢筋、不锈钢杆、

图 2-2　地面砖拆除后的结合层情况

空调罩、吊顶龙骨等材料按废品价格 1 元/kg 扣除。这样的处理方式既考虑了实际情况，又能合理分配相关费用，最终以抵扣工程款的方式结算。

3. 案例解析

根据发包人提供的信息，承包人进行的是破坏性拆除。通过对比分析预算定额与合同约定部分，可以看出旧物利用事项都在合理范围之内。预算定额中，地面砖的完好率按 20% 考虑，而实际地面砖在拆除后几乎无法再利用，门窗在拆除后仅有 70% 可以利用。因此，发包人在结算时提出扣除相应工程款是合理的。

承包人在拆除前应编制详细的拆除方案，其中应包括安全措施及应对策略，以及旧物保护的具体措施。合同中已约定旧物利用的事项，如果实际施工中无法进行保护性拆除，承包人应及时与发包人沟通协商，共同寻找解决方案。

承包人对于过度损坏材料负有一定责任，特别是在可以采取更谨慎方式的情况下。发包人也应当理解旧楼改造项目中材料损坏的不可避免性，接受一定程度的损耗。可以在尊重材料所有权的基础上，合理分配拆除过程中的损失，这样既维护了发包人的利益，也考虑了承包人的实际困难，双方应协商解决。

4. 相关依据

（1）依据《建设工程施工合同（示范文本）》（GF-2017-0201）第 8.4.1 条："发包人供应的材料和工程设备，承包人清点后由承包人妥善保管，保管费用由发包人承担，但已标价工程量清单或预算书已经列支或专用合同条款另有约定除外。因承包人原因发生丢失毁损的，由承包人负责赔偿；监理人未通知承包人清点的，承包人不负责材料和工程设备的保管，由此导致丢失毁损的由发包人负责。"

（2）依据《天津市房屋修缮工程预算基价》（DBD 29-701-2020）第一章拆除工程章首的说明中的第二节第 3 点："单项拆除工程均包括将拆下可利用材料运至 50m 以内指定地点分类码放整齐，并将污土原地清理堆放。未包括水、电及设备部位的保护，如发生时另行计算。"

说明第二节第 12 点："拆除各种地面均不包括拆垫层。拆块料面层均按完好率 20% 以内考虑的，如完好率超过 20%，其超过部分每超 10%，每 m^2 增加人工 0.1 工日。拆除混凝土及钢筋混凝土地面厚度超过 150mm 执行拆混凝土及钢筋混凝土基础基价。"

案例 74：发包人拒绝在现场签证单上签字，结算时如何处理？

1. 事实阐述

某建设项目，发承包双方签订的施工合同约定：承包范围包括综合楼、门卫室、食堂、水泵房、室外附属工程、训练场、绿化、室外给水市政自来水接入工程等。计价方式为单价合同，工程量按实结算。合同工期为 2020 年 08 月 25 日至 2021 年 04 月 25 日，共计 240 个日历天。施工过程中发生了较多合同外现场签证工作，部分现场签证单监理单位及发包人均未签字，其中包括施工场地内原有的大量树木砍伐工作。施工过程中发承包人及监理单位就实际砍伐的树木进行了原始记录并签字，但发包人拒绝在承包人正式申报的现场签证单上签字盖章。竣工结算时，发承包双方就实际发生的现场砍伐树木等签证单计价问题发生了争议。

2. 造价争议

💬【承包人立场】

施工场地内原属于山丘地形，有几百棵荔枝树，清单中的项目特征仅是简单的描述，砍伐树木并没有包含在合同清单价格中，合同中也没有特别约定承包人应负责砍伐树木工作内容及承担相关费用，认为属于合同外新增工程。另外，原有场地内的树木的处理工作是发包人应负责的"三通一平"工作范围，本应在承包人进场前完成全部砍伐工作，并保证场地平整，具备进场条件时才能将场地移交给承包人。进场后承包人发现施工场地不具备施工条件时，多次找发包人协商，最后在监理例会纪要中明确由承包人负责施工，且现场有原始施工记录，事实清楚，应予计算。

【发包人立场】

未签字部分签证单发包人曾有指令要求施工，申报事实及工程量属实，合同价格清单中有清表（项目特征未描述有树木）的工作，但不确定是否应单独计算，故未对承包人申报的签证单进行签字确认。

3. 案例解析

首先，场地内的树木费用属性是在工程建设其他费列项，属于发包人应负责的"三通一平"工作范畴，且其砍伐清理的费用应由发包人承担。其次，根据《建设工程施工合同（示范文本）》（GF-2017-0201）规定，除专用合同条款另有约定外，发包人应最迟于开工日期7天前向承包人移交施工现场。未完成的"三通一平"工作，发包人应在承包人进场后继续完成且不应影响承包人工作。再次，如合同约定由承包人负责完成树木砍伐施工的，应在招标工程量清单中列出相应清单供投标人报价；如不在合同约定范围内，发包人仍要求承包人施工的，经承包人同意，双方协商一致可以签订补充协议，或以现场签证单形式对发包人要求施工的合同外新增工作进行确认。

发包人拒绝对承包人申报的现场签证单进行确认的，承包人有其他证据证明在签证事件发生后合理时间内曾主张过该签证事项，且施工工程量清晰的，承包人可以根据施工过程中形成的原始资料等其他资料进行结算。

值得注意的是，如承包人仅能证明过程中客观发生施工且主张过该签证，但是无法证明在施工过程中有监理单位、发包人等的指令要求，或仅能证明砍树客观事实但无法证明实际砍伐了多少数量，承包人应承担举证不能的后果，结算难以获得成功。

4. 相关依据

（1）依据《最高人民法院关于审理建设工程施工合同纠纷案件适用法律问题的解释（一）》（法释〔2020〕25号）第二十条规定："当事人对工程量有争议的，按照施工过程中形成的签证等书面文件确认。承包人能够证明发包人同意其施工，但未能提供签证文件证明工程量发生的，可以按照当事人提供的其他证据确认实际发生的工程量。"

（2）依据《建设工程施工合同（示范文本）》（GF-2017-0201）的通用条款第2.4.1条："除专用合同条款另有约定外，发包人应最迟于开工日期7天前向承包人移交施工现场。"

（3）依据《建设工程工程量清单计价规范》（GB 50500—2013）第9.14.1条规定："承包人应发包人要求完成合同以外的零星项目、非承包人责任事件等工作的，发包人应及时以书面形式向承包人发出指令，并应提供所需的相关资料；承包人在收到指令后，应及时向发包人提出现场签证要求。"

第9.14.2条规定："承包人应在收到发包人指令后的7天内向发包人提交现场签证报告，发包人应在收到现场签证报告后的48小时内对报告内容进行核实，予以确认或提出修改意见。发包人在收到承包人现场签证报告后的48小时内未确认也未提出修改意见的，应视为承包人提交的现场签证报告已被发包人认可。"

第三章

竣工结算阶段争议

第一节　工程计价争议

案例 75：工程量偏差超过 15％时，
如何确定新的综合单价？

1. 事实阐述

某科研楼项目工程合同约定如下：

合同通用条款 10.4.1 变更估价原则："除专用合同条款另有约定外，变更估价按照本款约定处理：（3）变更导致实际完成的变更工程量与已标价工程量清单或预算书中列明的该项目工程量的变化幅度超过 15％的，或已标价工程量清单或预算书中无相同项目及类似项目单价的，按照合理的成本与利润构成的原则，由合同当事人按照第 4.4 款（商定或确定）确定变更工作的单价。"

合同专用条款 10.4.1 变更估价原则："已标价工程量清单无相同项目及类似项目单价的组价原则：执行北京 2012 年定额及配套文件，对于人材机价格，原已标价工程量清单人材机表里有的价格按照该表中的价格执行，没有的价格按照施工期信息价执行，信息价没有的价格按发包人认价签证单价格执行，费率按投标费率执行。"

结算时多个清单项工程量偏差超过 15％，以外墙保温工程为例，已标价工程量清单工程量为 12690m²，结算工程量为 18692m²，其工程量偏差超过 15％。承包人主张按照专用条款 10.4.1 执行。而发包人则认为应按《建设工程工程量清单计价规范》（GB 50500—2013）第 9.6.2 条相关规定调整综合单价，双方因此产生争议。

2. 造价争议

【承包人立场】

合同通用条款第 10.4.1 条第 3 款规定，当工程量偏差超过 ±15％时，应按照无相同、无类似清单项目的方式进行重新组价。合同专用条款对无相同、无类似清单项目的组价原则作出如下约定：采用北京 2012 年预算定额及配套文件，人工、材料、机械价格优先使用原已标价工程量清单中的人材机表价格。若无相应价格，则按施工期工程造价信息价格执行；如工程造价信息中亦无相应价格，则采用发包人认价签证单价格，费率按投标费率执行。

【发包人立场】

本工程合同约定按照清单计价规范，应当执行该规范工程量偏差超过 15％（增加）以后，综合单价调低的约定，应扣减原综合单价中的利润和企业管理费。

3. 案例解析

根据《最高人民法院关于审理建设工程施工合同纠纷案件适用法律问题的解释（一）》（法释〔2020〕25 号）第十九条，当事人对建设工程的计价标准或者计价方法有约定的，应按照约定结算工程价款。

清单规则与合同约定规则不一致，应优先适用合同约定。工程量偏差超过 15％时，综合单价应按照合同专用条款 10.4.1 的原则确定。

4. 相关依据

（1）依据《2013 建设工程计价计量规范辅导》（中国计划出版社）第 65 页对第 9.6.2 条文解读中的要点说明部分内容。

（2）依据《建设工程工程量清单计价规范》（GB 50500—2013）第 9.3.1 条："因工程变更引起已标价工程量清单项目或其工程数量发生变化时，应按照下列规定调整：已标价工程量清单中有适用于变更工程项目的，应采用该项目的单价；但当工程变更导致该清单项目的工程数量发生变化，且工程量偏差超过 15％时，该项目单价应按照本规范第 9.6.2 条的规定调整。"

第 9.6.2 条："对于任一招标工程量清单项目，当因本节规定的工程量偏差和第 9.3 节规定的工程变更等原因导致工程量偏差超过 15％时，可进行调整。当工程量增加 15％以上时，增加部分的工程量的综合单价应予调低；当工程量减少 15％以上时，减少后剩余部分的工程量的综合单价应予调高。"

（3）依据《最高人民法院关于审理建设工程施工合同纠纷案件适用法律问题的解释（一）》（法释〔2020〕25 号）第十九条："当事人对建设工程的计价标准或者计价方法有约定的，按照约定结算工程价款。因设计变更导致建设工程的工程量或者质量标准发生变化，当事人对该部分工程价款不能协商一致的，可以参照签订建设工程施工合同时当地建设行政主管部门发布的计价方法或者计价标准结算工程价款。"

（4）可借鉴《建设工程工程量清单计价标准》（GB/T 50500—2024）第 8.2.1 条第 2 款："工程量清单缺陷引起清单工程量增加或减少，且增减工程量超过相应清单项目合同清单所含工程量的 15％（不含 15％）的，应按本标准第 8.9.2 条的规定计算调整合同价格。"

案例 76：二次结构钢筋植筋的费用是否应该计算？

1. 事实阐述

北京某房建项目使用工程量清单计价，承包人按照钢筋植筋方案进行二次结构施工，并得到发包人和监理工程师的同意。然而在结算时，承包人报送的植筋费用引起了发包人审核方面的争议。钢筋植筋的费用问题应如何解决？

2. 造价争议

【承包人立场】

施工时发包人同意以此方案施工，并对此施工方案进行了审批，因此在结算时必须增加费用。实际施工中，没有该预留钢筋处理方法的费用，植筋属于市场通用方法，发包人签认过的事项，另行增加费用属于合理方式。

【发包人立场】

依据《蒸压加气混凝土砌块、板材构造》（13J104）中，B4 页注第 1 条："墙体与主体结构的拉结钢筋应在主体结构施工时预留或后锚固处理。"现场植筋，便是后锚固处理的一种形式。可以采用预留或后锚固处理，但是费用已经包括在清单报价中。

承包人为了施工便利才采用植筋方法，这在承包人自主选择权利范围之内，采用预留方式的施工成本要大于植筋方式，植筋方式更加节约。

3. 案例解析

首先，采用植筋方式与预留砌体加固筋的施工工艺有所区别，根据《中华人民共和国建筑法》第五十八条，建筑施工企业必须按照工程设计图纸和施工技术标准施工，不得偷工减料。工程设计的修改由原设计单位负责，建筑施工企业不得擅自修改工程设计。发包人和监理工程师书面同意的植筋方案不属于发包方提出的设计变更事项。

其次，砌体加固筋采用预留或植筋方式进行施工，属于技术措施范畴。所谓技术措施，是指在工程建设过程中，为实现特定的技术目标或解决技术问题而采取的方法和手段。承包人提出植筋方案是为了施工便利，因此增加的施工成本应由承包人承担。

4. 相关依据

（1）依据《房屋建筑与装饰工程工程量计算规范》（GB 50854—2013）中，表 D.2 砌块砌体中注解第一条："砌体内加筋、墙体拉结的制作、安装，应按本规范附录 E 中相关项目编码列项。"

表 E.15 钢筋工程中注解第一条："现浇构件中伸出构件的锚固钢筋应并入钢筋工程量内。除设计（包括规范规定）标明的搭接外，其他施工搭接不计算工程量，在综合单价中综合考虑。"

（2）可借鉴《房屋建筑与装饰工程工程量计算标准》（GB/T 50854—2024）中，表 D.2.1 砌块砌体，清单编码为 010402001 砌块墙的项目特征与工作内容，其中未说明植筋情况。

表 E.6.1 钢筋及螺栓、铁件，清单编码为 010506017 砌体工程内配钢筋，工作内容："1. 钢筋制作；2. 钢筋安装、固定；3. 钢筋连接。"计算标准中详细列出了清单子目，并且钢筋连接也详细列出。

（3）依据《中华人民共和国建筑法》第五十八条："建筑施工企业对工程的施工质量负责。建筑施工企业必须按照工程设计图纸和施工技术标准施工，不得偷工减料。工程设计的修改由原设计单位负责，建筑施工企业不得擅自修改工程设计。"

案例 77：植筋方案获得发包人和监理工程师确认，是否可计算费用？

1. 事实阐述

某办公楼项目采用单价合同形式，在主体结构施工时未预埋二次结构的预埋筋。二次结构施工前，承包人提交了植筋方案，并获得发包人和监理工程师的书面同意。结算时，承包人依据该植筋方案申请费用，但发包人以方案不能作为结算依据为由拒绝支付植筋费用。

2. 造价争议

【承包人立场】

植筋方案经发包人和监理工程师确认，现场实际采用植筋做法，各项验收手续齐全且质量合格。虽未履行设计变更签字手续，但根据《中华人民共和国民法典》第四百九十条之规定，已形成事实合同，结算时应当支付相关费用。

【发包人立场】

对植筋方案的批复仅表示认可该施工方法，并不意味着同意增加植筋费用。根据《中华人民共和国建筑法》第五十八条，承包人应当按图纸施工。植筋做法属于设计变更，未签订设计变更单，不得增加费用。

3. 案例解析

根据《中华人民共和国建筑法》第五十八条，承包人应当按图施工。按照合同示范文本规定，发包人拥有变更权，而承包人仅具有提出合理化建议的权利。承包人的合理化建议只有在发包人同意后才构成变更。

承包人未按图纸要求进行二次结构钢筋预埋，导致阶段性成果不符合要求，采取植筋方法作为补救措施。对于此植筋方案，发包人和监理工程师的批复应视为对补救方案的认可，不应再支付额外费用。

4. 相关依据

（1）依据《中华人民共和国建筑法》第五十八条："建筑施工企业对工程的施工质量负责。建筑施工企业必须按照工程设计图纸和施工技术标准施工，不得偷工减料。工程设计的修改由原设计单位负责，建筑施工企业不得擅自修改工程设计。"

（2）依据《建设工程施工合同（示范文本）》（GF-2017-0201）第10.2条变更权相关条款："发包人和监理人均可以提出变更。变更指示均通过监理人发出，监理人发出变更指示前应征得发包人同意。承包人收到经发包人签认的变更指示后，方可实施变更。未经许可，承包人不得擅自对工程的任何部分进行变更。涉及设计变更的，应由设计人提供变更后的图纸和说明。如变更超过原设计标准或批准的建设规模时，发包人应及时办理规划、设计变更等审批手续。"

第10.5条承包人的合理化建议相关条款："承包人提出合理化建议的，应向监理人提交合理化建议说明，说明建议的内容和理由，以及实施该建议对合同价格和工期的影响。除专用合同条款另有约定外，监理人应在收到承包人提交的合理化建议后7天内审查完毕并报送发包人，发现其中存在技术上的缺陷，应通知承包人修改。发包人应在收到监理人报送的合理化建议后7天内审批完毕。合理化建议经发包人批准的，监理人应及时发出变更指示，由此引起的合同价格调整按照第10.4款〔变更估价〕约定执行。发包人不同意变更的，监理人应书面通知承包人。合理化建议降低了合同价格或者提高了工程经济效益的，发包人可对承包人给予奖励，奖励的方法和金额在专用合同条款中约定。"

案例78：临时木结构花架可以套用方木屋架预算定额子目吗？

1. 事实阐述

某花园的临时出入口建设项目，原设计为钢结构弧形顶棚花架，在施工过程中考虑到秉承着生态环保的理念，改为使用木质花架顶棚，如图 3-1 所示。原设计花架采用钢筋混凝土基础，地脚螺栓固定，现变为素混凝土基墩 500mm×500mm×1000mm 尺寸，满足木质花架顶棚的自重即可。

花架设计采用 150mm×250mm 的方木，间距为 1200mm；横梁设计采用 200mm×350mm 的方木。在两侧门房后各修筑一条 800mm×3000mm 的藤蔓花池。发包人要求土建改建和地面铺装由承包人负责，而花藤种植则由园建单位负责。

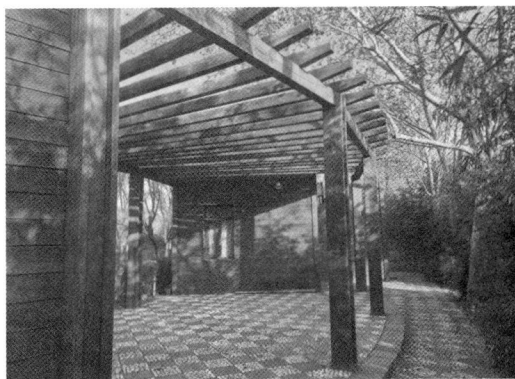

图 3-1 临时出入口花架顶棚

在结算时，双方对木料的计价方式产生争议。承包人主张木料实际是按根购买的，应按实际购买价格结算；而发包人则认为应按立方米计价，并指出工程造价信息中已有相应价格。这一分歧导致双方无法达成一致。

2. 造价争议

【承包人立场】

工程变更是由发包人要求选用木花架所导致的。所需木料每根尺寸较大，价格比普通木方高出许多，且为非常规规格，市场上按根售卖。材料运抵现场后，需按图纸尺寸截取，剩余部分成为废料，造成较大损耗。若按发包人建议，依据工程造价信息价格以立方米计算，将导致实际价格与计算价格产生较大偏差。

【发包人立场】

木料价格在购买时没有通知发包人进行认价，而且该木料尺寸的真实价格是通过市场调查得知的，并非承包人结算中所报的价格。木方价格是按净料计算的，每次锯开净料都会有损耗。以 50mm×100mm 的木方为例，毛料需要按 120mm×200mm 来计算，因此，木料价格与木方价格相差不大。

现场剩余的部分木料虽然变为废料，但承包人在现场直接锯开并重复利用，已用于两侧门房的板材中，实际并未造成浪费。总体考虑，按预算定额计价方式，预算定额中的用工量仍比实际情况高出许多。此项目的简易花架套用定额中的木梁屋架标准，导致费用偏高。因此，采用预算定额方式结算，并以工程造价信息价格按立方米计算，对承包人而言是合理的。

3. 案例解析

双方可以通过对比预算定额计价方式和实际成本投入方式，确定最终结算价款。鉴于此争议源于工程变更，应当按照变更程序进行结算。需要注意的是，预算定额中的"方木屋架"是指有屋顶且能够承重的结构，而本项目中的构件实际上应该归类为"木花架"。因此，发包人将其套用为方木屋架的理解是不正确的。

木料在加工过程中会有损耗，无论是从毛料刨光还是从方木推算木料价格，两者的差距并不大。在建筑材料市场上，150mm×250mm 和 200mm×350mm 的方木是常规尺寸的方木，并非承包人所述的非常规尺寸。为解决此争议，双方可通过市场询价确定木料价格，建议套用方木檩条的定额子目。

4. 相关依据

（1）依据《天津市建筑工程预算基价》（DBD 29-101-2020）第 149 页定额说明，第三条："基价中的木料断面或厚度均以毛料为准，如设计要求刨光时，板、方材一面刨光加 3mm；两面刨光加 5mm。"工程量计算规则第一条："木屋架、钢木屋架分不同的跨度按设计图示数量以榀计算。屋架的跨度应以上、下弦中心线两交点之间的距离计算。"

第四条："檩木按设计规格以体积计算。垫木、托木已包括在基价内，不另计算。简支檩长度设计未规定者，按屋架或山墙中距增加 20cm 计算；两端出山墙长度算至博风板；连续檩接头长度按总长度增加 5% 计算。"

（2）依据《建设工程工程量清单计价规范》（GB 50500—2013）第 9.3.1 条，因工程变更引起已标价工程量清单项目或其工程数量发生变化，应按照相关规定调整。其中第 4 款："已标价工程量清单中没有适用也没有类似于变更工程项目，且工程造价管理机构发布的信息价格缺价的，应由承包人根据变更工程资料、计量规则、计价办法和通过市场调查等取得有合法依据的市场价格提出变更工程项目的单价，并应报发包人确认后调整。"

（3）可借鉴《建设工程工程量清单计价标准》（GB/T 50500—2024）第 8.9.1 条第 4 款："不同施工条件下实施不同项目特征的清单项目，可依据工程实施情况，结合同类工程类似清单项目的综合单价，协商确定市场合理的综合单价。"

案例 79：工程变更发生后，如何区分设计变更与合同变更？

1. 事实阐述

某园林建设项目施工过程中，发包人为了减少投资，将凉亭改为木结构的临时避雨亭，数量由 40 个减少至 35 个，削减费用约 120 万元；同时，将凉亭的廊道改为普通的石板台阶路面，所用石板为砌筑景观墙后剩余的材料，亭下部分基础改为 200mm 厚的混凝土浇筑，面层铺装则改为广场砖。

凉亭改用木结构后，屋顶采用 20mm 厚的木板铺设。由于屋面荷载减轻，取消了原设计的混凝土基础，改为在混凝土基墩中直接插入刷有防腐漆的木质立柱，如图 3-2 所示。

由于原设计的仿古风格凉亭景观效果较好，现改为简易的临时避雨亭，承包人以利润降低为由，要求调整结算价格。发包人从工程变更角度分析，认为应按合同约定的变更条款执行。由于园区建设路面扩大、苗木增加等情况，总

图 3-2　木结构凉亭

投资并未显著减少，发包人认为不应再赔偿承包人的利润损失。双方因此产生争议。

2. 造价争议

【承包人立场】

发包人为了降低投资成本，变更了多项报价较高的建筑内容，导致承包方的预期利润大幅减少。以本项目中的凉亭为例，变更后减少了 120 万元的合同金额。原本投标时该项目的单项利润测算为 20%，但变更后按实际价格结算，利润率不足 5%。因此，发包方应对承包方给予适当的补偿。

施工过程中，凉亭廊道的部分材料已经定制加工，并已向供应商支付相关费用。然而，现场发包方的管理人员并未认可这一支出。尽管签证单已在多次会议上进行沟通，但结算文件中仍未体现此项费用，因此应予以增加。

【发包人立场】

合同中约定工程变更执行清单计价，材料价格参照工程造价信息价格，不得以利润减少为由提出赔偿要求。实际合同总价变化不大，仅涉及部分项目的变更，如园区道路面积扩大、苗木数量增加等新增项目。这些变更项目在结算文件中已按合同约定计取了相应利润。因此，不应再以赔偿为由提出增加费用的要求。

3. 案例解析

本案例涉及一项园林建设工程的变更引起的结算纠纷。主要争议点集中在凉亭设计变更后的价格调整问题。建议按照合同约定的变更条款执行计价，对于已支付的定制材料费用，承包人应提供充分证据，经核实后可予以结算。建议双方本着诚信原则进行协商，必要时可聘请第三方专业机构进行造价鉴定。应以合同约定为基础，结合项目整体情况，公平合理地解决争议，以维护双方的合法权益。

本项目中的工程变更可视为合同约定的变更，即将仿古风格凉亭整体调整，而非仅对工程量清单中的某项内容进行修改。承包人提出的利润补偿方案可在结算时酌情考虑，因为发包人对整体内容进行变更后，承包人有权通过索赔方式解决相关问题。在施工过程中，承包人收到仿古风格凉亭变更通知后，应及时提出补充协议，这体现了设计变更与合同变更的本质区别。

4. 相关依据

（1）依据《建设工程工程量清单计价规范》（GB 50500—2013）第9.3.3条："当发包人提出的工程变更因非承包人原因删减了合同中的某项原定工作或工程，致使承包人发生的费用或（和）得到的收益不能被包括在其他已支付或应支付的项目中，也未被包含在任何替代的工作或工程中时，承包人有权提出并应得到合理的费用及利润补偿。"

第4.1.3条："招标工程量清单是工程量清单计价的基础，应作为编制招标控制价、投标报价、计算或调整工程量、索赔等的依据之一。"

第2.0.51条竣工结算价术语标准："发承包双方依据国家有关法律、法规和标准规定，按照合同约定确定的，包括在履行合同过程中按合同约定进行的合同价款调整，是承包人按合同约定完成了全部承包工作后，发包人应付给承包人的合同总金额。"

（2）依据财政部建设部关于印发《建设工程价款结算暂行办法》（财建〔2004〕369号）第十条工程设计变更价款调整第一款："施工中发生工程变更，承包人按照经发包人认可的变更设计文件，进行变更施工，其中，政府投资项目重大变更，需按基本建设程序报批后方可施工。"

第十五条："发包人和承包人要加强施工现场的造价控制，及时对工程合同外的事项如实记录并履行书面手续。凡由发、承包双方授权的现场代表签字的现场签证以及发、承包双方协商确定的索赔等费用，应在工程竣工结算中如实办理，不得因发、承包双方现场代表的中途变更改变其有效性。"

（3）可借鉴《建设工程工程量清单计价标准》（GB/T 50500—2024）第8.9.1条第5款："因减少或取消清单项目的工程变更显著改变了实施中的工程施工条件，可根据实施工程的具体情况、市场价格、合同单价计价规则及报价水平协商确定工程变更的综合单价。"

（4）可借鉴《建设工程工程量清单计价标准》（GB/T 50500—2024）第 8.9.8 条："非承包人原因，发包人提出的工程变更取消了合同中的某项原定工作或工程，且承包人发生的费用或（和）应得的收益没有包括在其他已支付或应支付的项目中或在任何替代的工作或工程中，发包人应补偿承包人的损失费用及合理的预期收益。"

案例 80：项目竣工结算是以竣工图为准，还是以施工图为准？

1. 事实阐述

承包人根据施工图纸进行结算报审，但因竣工图与实际完成情况存在差异，发包人催促承包人根据竣工图上报结算。争议发生后，结算一直未能提交，直到发包人投诉，承包人才迫于压力匆忙报出。

根据竣工图进行结算时，存在许多丢项和漏项情况，具体如下：

（1）未完全响应发包人要求，资料不齐全就上报结算；

（2）依据监理工程师确认的竣工图计算工程量作为结算依据；

（3）推翻中标进场由监理工程师、发包人和承包人三方签字盖章确认的施工图纸核算；

（4）洽商、变更和签证缺乏基本数据支持；

（5）索赔项目全部放弃；

（6）墙面涂料变更后，变更发生的工程量增加了 10%，竣工图纸上没有标明。

移交到发包人的资料不合格，不得修改；已发生事项因资料缺失，不予审核，因此产生争议。

2. 造价争议

【承包人立场】

根据前期三方已核定确认并盖章的清单进行结算，洽商与签证的增减以施工图纸核算和签署确认的文件为准，竣工图仅可作为附件。

依据财政部建设部关于印发《建设工程价款结算暂行办法》（财建〔2004〕369号）第十一条规定，已确认的资料不再重新核算。洽商变更与签证项上报的增减费用，应在已审批内容的基础上累加作为最终结算。

竣工图纸与施工图纸及洽商内容不符时，细化竣工图纸作为备案资料，与过程计量资料具有同等效力，但不作为结算依据。

【发包人立场】

根据《建设工程工程量清单计价规范》（GB 50500—2013）第 2.0.51 条，竣工结算价由发包人与承包人依据国家相关法律、法规和标准，以及合同约定，确定包括在履行合同过程中按合同约定进行的工程变更、索赔和价款调整在内的金额。该金额是承包人完成全部承包工作后，发包人应支付给承包人的合同总金额。

合同条款约定，工程量结算应以实际完成量为准，并已在计量过程中进行计量。如果施工图纸与竣工图纸不一致，应以竣工图纸为依据，因为竣工图纸更接近实际完成情况，需重新计算结算，同时结合现场实际情况进行调整。

洽商与变更签证应体现在竣工图纸中，若过程签证内容未在竣工图纸中体现，应全部清零，并按照竣工图纸标注进行结算。

3. 案例解析

招标清单是根据招标图纸编制的，进场后施工图纸需进行工程量核算，并根据核算结果执行工程计量支付与拨款的完整流程。设计变更及洽商确认单均以施工图纸为基础进行结算。

正确的结算方法为：施工图纸工程量核算、前期签字确认、后期设计变更及洽商增减，以及现场确认单作为最终结算依据。

项目竣工结算的依据需综合考虑合同约定、工程实际情况等多重因素，不能简单地将竣工图或施工图作为唯一标准；而是应以合同约定为基础，以施工图（含变更签证）和实际完成工程量作为核心依据。竣工结算的本质在于对实际完成工程量及其造价的确认。施工图是设计单位在施工前出具的指导性图纸，涵盖设计意图和技术要求，是施工的初始依据，用于编制预算和招投标清单。若工程未发生变更，施工图可作为结算依据，但必须结合实际完成量进行考量。竣工图则是工程竣工后，根据实际施工情况修改或重新绘制的图纸，真实反映工程的最终状态，是实际工程量的直观体现，需经建设、监理、施工等单位签字确认。无论图纸如何变化，最终结算均应以工程实际完成情况为基准，结合施工图、现场验收记录、签证文件等综合判定。

4. 相关依据

（1）依据《建设工程工程量清单计价规范》（GB 50500—2013）第4.1.3条："招标工程量清单是工程量清单计价的基础，应作为编制招标控制价、投标报价、计算工程量、工程索赔等的依据之一。"

第2.0.51条"竣工结算价"术语标准："发承包双方依据国家有关法律、法规和标准规定，按照合同约定确定的，包括在履行合同过程中按合同约定进行的合同价款调整，是承包人按合同约定完成了全部承包工作后，发包人应付给承包人的合同总金额。"

第2.0.17条"工程量偏差"术语标准："承包人按照合同工程的图纸（含经发包人批准由承包人提供的图纸）实施，按照现行国家计量规范规定的工程量计算规则计算得到的完成合同工程项目应予计量的工程量与相应的招标工程量清单项目列出的工程量之间出现的量差。"

（2）依据财政部建设部关于印发《建设工程价款结算暂行办法》（财建〔2004〕369号）第十条工程设计变更价款调整第一款："施工中发生工程变更，承包人按照经发包人认可的变更设计文件，进行变更施工，其中，政府投资项目重大变更，需按基本建设程序报批后方可施工。"

第十五条："发包人和承包人要加强施工现场的造价控制，及时对工程合同外的事项如实记录并履行书面手续。凡由发、承包双方授权的现场代表签字的现场签证以及发、承包双方协商确定的索赔等费用，应在工程竣工结算中如实办理，不得因发、承包双方现场代表的中途变更改变其有效性。"

（3）可借鉴《建设工程工程量清单计价标准》（GB/T 50500—2024）中，第2.0.35条"工程结算"术语："发承包双方根据有关法律法规规定和合同约定，对合同工程实施中、解除时、竣工后的工程项目进行合同价款计算、调整、确认和交付的活动，包括施工过程结算、合同解除结算、竣工结算及工程保修结清。"

案例81：总价合同中清单漏项和新增项的责任由谁承担？

1. 事实阐述

某项目采用总价合同，投标时预留充足时间核算工程量。中标后，不再对工程量进行核算。施工过程中，图纸中增加了混凝土设备基础。结算时，发包人审核清单后发现，清单中包含屋面排风帽项目，但施工图纸中未设计，要求扣除该项。承包人表示，施工图纸中设计的暖通工程管线排气阀门在中标清单中未列项，属于清单漏项，应在结算时补充该项费用。因此，双方就此事项产生争议。

2. 造价争议

【承包人立场】

图纸中增加混凝土设备基础属设计变更，应予以增加费用。原施工图纸未注明设备基础事项，后经设计院出具变更图纸，明确了设备基础的位置和尺寸，从而确定了具体做法。

投标时成本测算是基于总价考虑的，清单中已包含屋面排风帽项目费用。若需扣除该项，其他项目价格应相应调增。鉴于投标总价已确定不变，通过调整其他项目单价来平衡屋面排风帽费用，方可保持总价不变。所以，结算时把此项扣除是没有道理的。

对于施工图纸中已有但清单漏项的内容，应在结算时补充相应费用。若无法获得增补，施工单位可选择不执行该项工作，由发包人另行安排其他单位完成，与本单位无关。既然该项工作已完成，相关费用应纳入结算。

【发包人立场】

总价合同是指合同总价固定不变，发生的变更均属于合同约定范围内，不应额外增加费用。施工图纸中设计的暖通工程管线排气阀门，虽因承包人投标时疏忽而未在清单中列出，但应包含在其他清单项目中。图纸中包含的所有事项均应计入总价，不应再作调整。

清单中包含屋面排风帽项目，但图纸中未涉及此项。结算时应按实际完成情况扣除相应费用。由于该项目未实际施工，承包人也未产生相关损失，因此扣除费用是合理的。

3. 案例解析

混凝土设备基础的增加属于工程变更，结算时应按照工程变更程序调整合同金额。总价合同是以招标时提供的施工图纸为报价依据形成的固定总价，承包人应当根据施工图纸核实工程量，发现错漏项应及时提出。如未及时提出，则应承担相应责任。因此，施工图纸中设计的暖通工程管线排气阀门属于承包人应当发现但未发现的漏项，不应增加合同价款。

屋面排风帽项目列入清单属招标方责任，将不应计取的项目纳入清单且核对时未发现错误，属发包人职责范围，因此结算时不应扣除该项费用。

4. 相关依据

（1）依据《建设工程工程量清单计价规范》（GB 50500—2013）第 8.3.2 条："采用经审定批准的施工图纸及其预算方式发包形成的总价合同，除按照工程变更规定的工程量增减外，总价合同各项目的工程量应为承包人用于结算的最终工程量。"

条文说明第 8.3.2 条："本条规定了采用经审定批准的施工图纸及其预算方式发包形成的总价合同，由于承包人自行对施工图纸进行计量，因此，除按照工程变更规定引起的工程量增减外，总价合同各项目的工程量是承包人用于结算的最终工程量。这是与单价合同的最本质区别。"

（2）可借鉴《建设工程工程量清单计价标准》（GB/T 50500—2024）第 7.2.2 条："总价合同的分部分项工程项目清单工程量应按下列规定计算：分部分项工程项目清单可不重新计量，合同价格不应因分部分项工程项目清单存在工程量清单缺陷而调整，招标工程量清单中说明为暂定数量单价计价的分部分项工程项目清单和工程变更可按本条第 2 款的规定执行。"

案例 82：两个标段工程量清单相同，但是单价不同，结算时应如何处理？

1. 事实阐述

某采用清单计价的市政项目，分为两个标段。两个标段的清单内容相同，但在沥青路面面层的中标价格上存在显著差异：一标段为 70 元/m^2，二标段为 16 元/m^2。在进行项目结算时，应当采用哪个价格作为结算依据？

2. 造价争议

【承包人立场】

二标段报价 16 元/m^2 是针对 1cm 厚的沥青路面面层，而实际图纸要求 4cm 厚。这个清单价格填报显然有误，与市场价格相差甚远，无法覆盖成本。因此，建议按照一标段中标价 70 元/m^2 的标准进行结算。

【发包人立场】

清单综合单价较低是承包人自主报价的结果。合同约定为固定单价合同，因此无法调整单价。在同一个施工项目的不同标段中，相同的清单项目可能会有不同的价格。这种价格差异是完全可能存在的。

3. 案例解析

应根据投标单价分别对不同标段进行结算。依据清单计价规范及相关法规，除合同另有约定外，中标的综合单价在结算时不应调整。这种情况可以理解为承包人为了中标采取了不平衡报价策略，故意降低某些项目的价格，同时提高其他项目的价格。因此，不应调整清单的综合单价，承包人应自行承担由此造成的后果。

4. 相关依据

依据《建设工程施工合同（示范文本）》（GF-2017-0201）的通用条款第 12.1 条第 1 款："单价合同是指合同当事人约定以工程量清单及其综合单价进行合同价格计算、调整和确认的建设工程施工合同，在约定的范围内合同单价不作调整。"

案例 83：栽植的乔木胸径未达到设计要求，应如何进行结算？

1. 事实阐述

某园区绿化工程中，施工图纸和招标清单均明确规定香樟树胸径要求为 28cm。结算时，发包人现场测量发现其中 26 棵香樟树胸径均小于 28cm，因此发包人主张全部扣除 26 棵树的施工费用约 23 万元（表 3-1）。承包人则认为，鉴于本工程已通过验收并合格，应当全额支付，不同意扣减费用。

表 3-1　分部分项工程清单与计价表

序号	项目编码	项目名称	项目特征描述	计量单位	工程量	金额/元	
						综合单价	合价
1	050102001005	栽植乔木	1. 乔木种类：特大香樟； 2. 高度：700cm； 3. 蓬径：600～650cm； 4. 胸径：28cm。 详见苗木表	株	86	8906.56	765964.16

2. 造价争议

【承包人立场】

本绿化项目已通过验收，并由各方签署验收单（包括胸径测量验收记录）。项目质量合格且已交付发包人，应按合同约定支付全部款项。胸径测量应以地面以上 1.2m 处为准。发包人造价审核人员擅自测量并据此扣减款项，缺乏依据。

【发包人立场】

经现场实测，26 株樟树胸径未达 28cm 标准，不符合施工图纸及招标清单规定，构成偷工减料。应全额扣除这 26 株特大樟树的施工费用。

3. 案例解析

建议按照合同约定的测量方式对 26 株特大樟树胸径进行实测，如有争议，可进行质量鉴定。

根据《中华人民共和国民法典》第五百八十二条，如果树木未达到 28cm 胸径标准，发包人可要求承包人重做、修复或减少工程价款。鉴于工程已验收交付，建议采用减少报酬方式处理。考虑不同胸径树木价格差异，从等价有偿原则出发，减少价款即可视为赔偿损失。

4. 相关依据

（1）依据《园林绿化工程工程量计算规范》（GB 50858-2013）附录 A 绿化工程，表 A.2 注解第 2 款："苗木计算应符合下列规定：1）胸径应为地表向上 1.2m 高处树干直径；……"

（2）依据《中华人民共和国民法典》第五百八十二条："履行不符合约定的，应当按照当事人的约定承担违约责任。对违约责任没有约定或者约定不明确，依据本法第五百一十条的规定仍不能确定的，受损害方根据标的的性质以及损失的大小，可以合理选择请求对方承担修理、重作、更换、退货、减少价款或者报酬等违约责任。"

第五百一十条："合同生效后，当事人就质量、价款或者报酬、履行地点等内容没有约定或者约定不明确的，可以协议补充；不能达成补充协议的，按照合同相关条款或者交易习惯确定。"

第五百一十一条："当事人就有关合同内容约定不明确，依据前条规定仍不能确定的，适用下列规定：（一）质量要求不明确的，按照强制性国家标准履行；没有强制性国家标准的，按照推荐性国家标准履行；没有推荐性国家标准的，按照行业标准履行；没有国家标准、行业标准的，按照通常标准或者符合合同目的的特定标准履行。（二）价款或者报酬不明确的，按照订立合同时履行地的市场价格履行；依法应当执行政府定价或者政府指导价的，依照规定履行。"

第八百零一条："因施工人的原因致使建设工程质量不符合约定的，发包人有权请求施工人在合理期限内无偿修理或者返工、改建。经过修理或者返工、改建后，造成逾期交付的，施工人应当承担违约责任。"

（3）依据《园林绿化工程施工及验收规范》（CJJ 82—2012）第 6.2.8 条："当园林绿化工程质量不符合要求时，应按下列规定进行处理：1. 经返工或整改处理的检验批应重新进行验收。2. 经有资质的检测单位检测鉴定能够达到设计要求的检验批，应予以验收。3. 经有资质的检测单位检测鉴定达不到设计要求，但经原设计单位和监理单位认可能够满足植物生长要求、安全和使用功能的检验批，可予以验收。4. 经返工或整改处理的分项、分部工程，虽然降低质量或改变外观尺寸但仍能满足安全使用、基本的观赏要求并能保证植物成活，可按技术处理方案和协商文件进行验收。"

第二节 工程计量争议

案例84：石方爆破工程量结算时以地勘报告为准还是现场计量为准？

1. 事实阐述

某停车库基坑工程，在施工过程中发现部分位置的岩层起伏较大。经各方协商，发包方、承包方和监理方一致同意对全场岩面进行实测，并以5m间距绘制方格网，确定每个网格的岩面标高。经三方确认，现场岩面标高与招标时提供的地勘报告存在差异，致使石方工程量结算的依据产生争议。

2. 造价争议

【承包人立场】

项目采用单价合同形式，明确约定了投标风险。基于实际测量结果，现场确认的岩面标高被认为更为准确。地勘报告仅提供了有限钻孔点数据，难以全面反映现场情况，而三方共同实测的方格网数据更为全面。因此，建议以三方确认的岩面标高作为结算依据。

【发包人立场】

石方工程量应依据地勘报告标高进行结算。其依据为：地勘报告作为招标时提供的重要参考文件，作为有经验的承包商，应该在投标时在报价中考虑可能发生的风险。

3. 案例解析

实际施工中发现的岩面标高差异是客观存在的事实。地勘报告是约定施工作业的准则，不是工程量计算的依据。所以，发包人的理由不够充分，地面以下的岩面标高对承包人来说具有不可预见性，应按实际标高核实确认工程量。

发包人和承包人应加强施工现场的造价控制，及时如实记录工程合同外的事项并履行书面手续。因此，双方共同确认的岩面标高应作为结算依据，以确保工程结算的公正性和准确性。

4. 相关依据

依据《建设工程施工合同（示范文本）》（GF-2017-0201）通用条款第7.6条："不利物质条件是指有经验的承包人在施工现场遇到的不可预见的自然物质条件、非自然的物质障碍和污染物，包括地表以下物质条件和水文条件以及专用合同条款约定的其他情形，但不包括气候条件。承包人遇到不利物质条件时，应采取克服不利物质条件的合理措施继续施工，并及时通知发包人和监理人。通知应载明不利物质条件的内容以及承包人认为不可预见的理由。监理人经发包人同意后应当及时发出指示，指示构成变更的，按第 10 条〔变更〕约定执行。承包人因采取合理措施而增加的费用和（或）延误的工期由发包人承担。"

案例 85：量差超过 15% 调整综合单价时，以招标图纸为准还是招标清单为准？

1. 事实阐述

某项目采用单价合同，施工过程中施工图纸未发生变更，工程量亦无变化。然而，在结算时，甲乙双方就实际结算工程量应与招标工程量还是施工图纸工程量进行对比产生分歧，原因在于工程量偏差超过 15% 的部分需调整综合单价。该清单项为混凝土板，若实施调整，涉及金额约 300 万元，因此双方产生争议。

2. 造价争议

【承包人立场】

招标工程量由招标人提供，应根据招标工程量对综合单价进行调整。招标人负责工程量的准确性和完整性。招标控制价中的工程量与招标图纸工程量出现偏差的责任应由招标人承担。若结算时混凝土板工程量减少 15% 以上，则应相应调高综合单价，增加 300 万元。

【发包人立场】

经核对工程量，混凝土板实际工程量与招标图纸工程量偏差未超过 15%，故不应调整综合单价。招标图纸应作为对比依据，因其为施工基础，而招标清单仅供报价参考。最终工程量应按施工图纸核实。因此，本项目维持混凝土板原综合单价不变。

3. 案例解析

清单计价规范中明确规定实际结算工程量应与招标清单工程量对比，施工过程中没有发生变更时，应按《建设工程工程量清单计价规范》（GB 50500—2013）中第 9.6.1 条工程量偏差规定进行调整。

实际工程量按施工图纸核算，而对比依据为招标清单工程量，此处易产生混淆。投标人依据招标清单工程量进行分析并确定综合单价，而非基于招标图纸。当出现工程量偏差或变更时，应以招标清单工程量为准调整综合单价。

当工程量偏差超过 15% 需调整综合单价时，应以招标清单工程量为准。招标工程量清单是招标文件的组成部分，由招标人提供，作为投标报价、计算或调整工程量、索赔等的依据之一。招标人应对其提供的招标工程量清单的准确性和完整性负责。

4. 相关依据

（1）依据《建设工程工程量清单计价规范》（GB 50500—2013）第 9.6.1 条：

"合同履行期间，当应予计算的实际工程量与招标工程量清单出现偏差，且符合本规范第 9.6.2 条、第 9.6.3 条规定时，发承包双方应调整合同价款。"

第 9.6.2 条："对于任一招标工程量清单项目，当因本节规定的工程量偏差和第 9.3 节规定的工程变更等原因导致工程量偏差超过 15% 时，可进行调整。当工程量增加 15% 以上时，增加部分的工程量的综合单价应予调低；当工程量减少 15% 以上时，减少后剩余部分的工程量的综合单价应予调高。"

第 4.1.2 条："招标工程量清单必须作为招标文件的组成部分，其准确性和完整性应由招标人负责。"

以上条款都是该规范的强制性条文，由此可见招标清单的准确性和完整性由招标人承担针对的是单价合同。

（2）依据《建设工程施工合同（示范文本）》（GF-2017-0201）第 12.1 条第 1 款："单价合同是指合同当事人约定以工程量清单及其综合单价进行合同价格计算、调整和确认的建设工程施工合同，在约定的范围内合同单价不作调整。"

（3）可借鉴《建设工程工程量清单计价标准》（GB/T 50500—2024）第 3.1.8 条："采用单价合同的工程，分部分项工程项目清单的准确性、完整性应由发包人负责；采用总价合同的工程，已标价分部分项工程项目清单的准确性、完整性应由承包人负责。建设工程无论是采用单价合同或总价合同，按项编制的措施项目清单的完整性及准确性均应由承包人负责。"

案例 86：招标阶段核对总价合同中工程量时，其准确性和完整性由谁负责？

1. 事实阐述

某钢结构多层厂房项目，合同形式为总价合同。招标人在招标时提供了招标工程量清单和图纸，招标文件中约定："投标人对照图纸复核工程量清单，并将工程量偏差、清单漏项、项目特征不符在 2021 年 5 月 8 日前提出澄清。"招标人 2021 年 5 月 10 日重新发了一版工程量清单，清单说明中第三条约定："各投标人对照图纸对工程量清单进行复核，工程量偏差、清单漏项、项目特征不符等问题考虑在投标报价中，结算时除图纸变更外不进行调整。"

合同中约定："投标时承包人已对工程量清单进行复核，并将工程量偏差、清单漏项、项目特征不符等问题考虑在投标报价中，除图纸变更、发包人要求提高规范标准外，其他情况均不调整。"

承包人在结算时指出，已标价工程量清单存在准确性和完整性问题，包括缺少封闭阳台门联窗 128 樘、钢筋混凝土筏板工程量差异（清单 1213m³，图纸 1435m³）、钢结构的钢柱工程量差异 158t 等，并据此提出增加合同价款。发包人以合同为固定总价合同为由，不予同意。

2. 造价争议

🔁 【承包人立场】

《建设工程工程量清单计价规范》（GB 50500—2013）规定，招标工程量清单必须作为招标文件的组成部分，其准确性和完整性由招标人负责。此条为强制性条文，必须严格执行。合同中约定不调整违反清单计价规范强制性条文的规定，属于无效条款，需要对封闭阳台门联窗清单漏项 128 樘、底板混凝土工程量偏差 222m² （1435m²－1213m²＝222m²）等应进行调整。

👥【发包人立场】

有约定从约定，清单计价规范非法律或行政法规的强制性规定。除图纸变更或发包人要求提高规范标准外，应按合同约定执行，其他情况均不作调整。不同意对封闭阳台门联窗清单漏项及底板混凝土工程量偏差等清单错误进行调整。

3. 案例解析

清单计价规范作为强制性国家标准，不属于法律或行政法规范畴。因此，合同条款违反该标准规定原则上不会导致合同无效，除非法律行政法规明确将违反该标准作为效力性强制规定，或该标准直接关系生命财产安全、国家安全、生态环境安全。故此，相关合同约定应当视为有效。

《建设工程工程量清单计价规范》（GB 50500—2013）中，第 3.1.4 条："工程量清单应采用综合单价计价。"第 4.1.2 条："招标工程量清单必须作为招标文件的组成部分，其准确性和完整性应由招标人负责。"这两个条款都是该规范的强制性条文，由此可见招标清单的准确性和完整性由招标人承担针对的是单价合同。对于总价合同的计量，第 8.3.2 条规定："采用经审定批准的施工图纸及其预算方式发包形成的总价合同，除按照工程变更规定的工程量增减外，总价合同各项目的工程量应为承包人用于结算的最终工程量。"因此，不应调整本项目的总价合同中的工程量。

该工程采用以施工图纸为基础的总价合同。招标阶段，招标人明确要求投标人根据图纸及承包范围复核工程量清单，并将清单误差纳入报价考虑，合同中亦有相应约定，表明工程量清单的准确性和完整性风险由承包人承担。根据上述分析，该约定有效，应当按照合同执行。因此，承包人就封闭阳台门联窗清单漏项和底板混凝土工程量偏差等清单错误提出的调整要求不予支持。

4. 相关依据

（1）依据《中华人民共和国民法典》第一百五十三条："违反法律、行政法规的强制性规定的民事法律行为无效。但是，该强制性规定不导致该民事法律行为无效的除外。"

（2）依据《最高人民法院关于审理建设工程施工合同纠纷案件适用法律问题的解释（一）》（法释〔2020〕25 号）第二十八条："当事人约定按照固定价结算工程价款，一方当事人请求对建设工程造价进行鉴定的，人民法院不予支持。"

（3）依据《建设工程施工合同案件审理指南》（冀高法〔2023〕30 号）第 8 条："合同约定固定价款的，因发包人原因导致工程变更的，承包人能够证明工程变更增加的工程量不属于合同约定固定价范围之内的，有约定的，按约定结算工程价款，没有约定的，可以参照合同约定标准对工程量增减部分予以单独结算，无法参照约定标准结算可以参照施工地建设行政主管部门发布的计价方法或者计价标准结算。主张调整的当事人对合同约定的施工具体范围、实际工程量增减的原因、数量等事实负有举证责任。"

（4）依据《建设工程工程量清单计价规范》（GB 50500—2013）第 8.3.2 条规定："采用经审定批准的施工图纸及其预算方式发包形成的总价合同，除按照工程变更规定的工程量增减外，总价合同各项目的工程量应为承包人用于结算的最终工程量。"

条文说明第 8.3.2 条："本条规定了采用经审定批准的施工图纸及其预算方式发包形成的总价合同，由于承包人自行对施工图纸进行计量，因此，除按照工程变更规定引起的工程量增减外，总价合同各项目的工程量是承包人用于结算的最终工程量。这是与单价合同的最本质区别。"

（5）可借鉴《建设工程工程量清单计价标准》（GB/T 50500—2024）第 3.1.8条："采用单价合同的工程，分部分项工程项目清单的准确性、完整性应由发包人负责；采用总价合同的工程，已标价分部分项工程项目清单的准确性、完整性应由承包人负责。建设工程无论是采用单价合同或总价合同，按项编制的措施项目清单的完整性及准确性均应由承包人负责。"

（6）可借鉴《建设工程工程量清单计价标准》（GB/T 50500—2024）第 7.2.2 条第 1 款："总价合同的分部分项工程项目清单工程量应按下列规定计算：分部分项工程项目清单可不重新计量，合同价格不应因分部分项工程项目清单存在工程量清单缺陷而调整，招标工程量清单中说明为暂定数量单价计价的分部分项工程项目清单和工程变更可按本条第 2 款的规定执行。"

案例 87：总价合同中工程量计算错误的责任由谁承担？

1. 事实阐述

某项目采用总价合同，投标时预留充足时间核算工程量。中标后，不再对工程量进行核算。施工过程中，因施工图纸变更，需重新计算外墙石材的变更工程量。原清单中核算的六层教学楼工程量为 $2000m^2$，变更后二层以下贴石材，二层以上改用真石漆涂料。根据工程变更计算，石材墙面减少 $1200m^2$，但承包人认为应按实际工程量计算，不再核减石材墙面，不能按变更扣减方法进行结算。

2. 造价争议

【承包人立场】

承包人主张按图纸中的工程量扣减进行结算，即从图纸计算的总体工程量中扣除变更工程量。清单工程量的偏差应由发包人承担责任，其应对招标工程量的准确性负责，需要按实际工程量进行计算。

【发包人立场】

在招标阶段已预留充足时间核算工程量，承包人核算失误应自行承担责任。总价合同中的工程量不予调整，仅在发生工程变更时计算变更部分的工程量，并从清单工程量中扣除相应数量。

3. 案例解析

在清单计价规范中，总价合同与单价合同的本质区别在于工程量的固定性。本项目约定为总价合同，应按总价合同中的工程量扣除变更部分的工程量。清单计价规范规定，总价合同各项目的工程量应为承包人用于结算的最终工程量。因此，不应按实际工程量进行结算。

4. 相关依据

（1）依据《建设工程工程量清单计价规范》（GB 50500—2013）第 8.3.2 条："采用经审定批准的施工图纸及其预算方式发包形成的总价合同，除按照工程变更规定的工程量增减外，总价合同各项目的工程量应为承包人用于结算的最终工程量。"

条文说明第 8.3.2 条："本条规定了采用经审定批准的施工图纸及其预算方式发包形成的总价合同，由于承包人自行对施工图纸进行计量，因此，除按照工程变更规定引起的工程量增减外，总价合同各项目的工程量是承包人用于结算的最终工程量。这是与单价合同的最本质区别。"

（2）可借鉴《建设工程工程量清单计价标准》（GB/T 50500—2024）第 7.2.2 条第 1 款："总价合同的分部分项工程项目清单工程量应按下列规定计算：分部分项工程项目清单可不重新计量，合同价格不应因分部分项工程项目清单存在工程量清单缺陷而调整，招标工程量清单中说明为暂定数量单价计价的分部分项工程项目清单和工程变更可按本条第 2 款的规定执行。"

案例 88：单价合同中的工程量在结算时 可以不再核对吗？

1. 事实阐述

某建设项目施工合同采用综合单价计价方式，约定招标工程量与图纸工程量的差异以及工程量清单缺项等引起的所有费用均包含在投标报价中，不予调整。

招标文件中约定："投标报价方式为工程量清单综合单价，投标人应根据招标人提供的图纸和技术资料，审核工程量清单。投标人如发现工程量清单的内容与图纸不符，应在开标前 4 天向招标人提出，否则视为投标人确认工程量清单的内容已包含招标图纸所有内容。"例如，在招标清单中天棚吊顶的工程量为 $2500m^2$，实际施工图纸中为 $1200m^2$，在招标清单中顶棚涂料的工程量为 $34000m^2$，实际施工图纸中为 $23000m^2$，量差超过了 30%，甚至此清单中有量差超过 200% 的项目。竣工结算时，双方因工程量清单与施工图纸工程量偏差是否调整产生纠纷。

2. 造价争议

🔖【承包人立场】

本合同为单价合同，根据清单计价规范有关规定，发包人应当对招标工程量清单的完整性和准确性负责，应按实际工程量与招标清单工程量进行差额结算。

合同约定："招标工程量与图纸工程量的量差以及工程量清单缺项等工作内容引起的所有费用均包含在投标报价中，不作调整。"该约定免除了招标人提供准确工程量清单的义务，将工程量清单出现差错的责任分配给投标人，有悖公平原则。工程量清单与招标图纸所产生的差额，系发包人所致，因此产生的不利后果应由发包人承担。

【发包人立场】

招标文件明确规定："承包人应对工程量清单进行审核，如投标人发现工程量清单与图纸存在差异，应在开标前 4 天向招标人提出，否则视为投标人确认。"施工合同亦约定工程量偏差及工程量清单缺项不予调整，故承包人应对其审核义务负责，施工图纸范围内的工程量与清单工程量差异不得调整。

3. 案例解析

合同明确约定招标工程量与图纸工程量的量差以及工程量清单缺项等工作内容引起的所有费用均包含在投标报价中，不作调整。基于此，不应再对施工图纸范围内工程量进行计量，理由如下。

（1）当事人意思自治优先于计价规范。

合同双方就具体结算条款的约定体现了当事人意思自治，未违反法律法规的效力性规定，应当视为有效。清单计价规范作为部门规章，其法律位阶低于法律和行政法规。除非合同明确将其纳入组成部分，否则该规范仅具有管理性约束力，不影响合同相关条款的效力。

（2）合同实质重于形式。

尽管施工合同约定采用综合单价计价，但其实质内容更符合工程量与固定总价的合同特征。合同约定承包人应审核工程量清单，并明确所有费用均包含在投标报价中且不作调整，这实际上反映了总价合同的本质。

（3）基于合同真实意思的体系解释。

合同计价方式的认定不应仅依据"单价合同"的标注，而应综合考虑当事人的真实意思表示。本案例中，招标文件及合同要求投标人审核工程量清单，并明确施工图纸范围内不予调整，这符合总价合同的特征。因此，应当进行体系解释，而非拘泥于文字表述。

（4）合同效力的认定。

本案例合同约定并不违反《中华人民共和国民法典》相关条款，也不符合合同可撤销的情形。基于缔约自由和私法自治原则，在不违反法律效力性规定的前提下，当事人有权按照双方真实意思决定具体约定。

综上所述，应以合同中具体条款的权利义务约定为根本，在不违反法律规定的情况下，根据订立合同时双方的真实意思表示，综合认定合同计价方式或权利义务关系，从而合理进行结算。

4. 相关依据

（1）依据《中华人民共和国民法典》第五条、第四百六十五条等，其强调合同自由和私法自治原则，在不违反法律效力性规定前提下，当事人有权自主约定合同内容。本案例合同约定未违反相关规定，应受法律保护。

（2）依据《最高人民法院关于适用〈中华人民共和国民法典〉合同编通则若干问题的解释》（法释〔2023〕13号）第十五条："人民法院认定当事人之间的权利义务关系，不应当拘泥于合同使用的名称，而应当根据合同约定的内容。当事人主张的权利义务关系与根据合同内容认定的权利义务关系不一致的，人民法院应当结合缔约背景、交易目的、交易结构、履行行为以及当事人是否存在虚构交易标的等事实认定当事人之间的实际民事法律关系。"

案例89：天棚吊顶增加钢龙骨时，在结算中可以增加费用吗？

1. 事实阐述

某疗养院改造项目采用清单计价方式签订合同。原设计图纸显示为双层9mm石膏板吊顶，刷2遍环保涂料，中标清单价格为260元/m²（表3-2）。然而，在施工过程中，为了改善装修效果，发包人决定在所有房间（包括走廊）的墙面处均设置跌级顶棚，尺寸为凸出顶棚面300mm×150mm，并在跌级凹槽处安装筒灯。

表3-2　分部分项工程清单与计价表（投标报价）

序号	项目编码	项目名称	项目特征描述	计量单位	工程量	金额/元	
						综合单价	合价
1	011302001001	吊顶天棚	1. 部位：各房间及走廊； 2. 龙骨材料种类、规格、中距：U形轻钢次龙骨LB45×48中距不大于1500，U形轻钢主龙骨CB38×12中距不大于1500，Φ6钢筋吊杆中距横向不大于1500、纵向不大于1200，Φ10钢筋吊环混凝土楼板连接； 3. 面层材料品种、规格：双层9mm石膏板； 4. 刷2遍环保涂料	m²	9540.23	260.00	2480459.80

在结算时，承包人根据该项变更重新申报，计算出跌级顶棚凸出天棚面的工程量为360m²，加上原吊顶天棚工程量清单中的9540.23m²，合计为9900.23m²。然而，发包人审核后认为吊顶天棚的跌级顶棚部位不应计入工程量，因此拒绝增加这360m²。因此导致双方在核对工程量时产生了争议。

2. 造价争议

⮕【承包人立场】

发包人为了改善装修效果，增加了跌级顶棚，如图3-3所示。同时，钢龙骨也相应增加，作业难度并不比普通天棚的用工用料少，因此应增加跌级顶棚部位工程量并按展开面积计算。计算分包工程量时，跌级顶棚部位处也按同等价格结算。

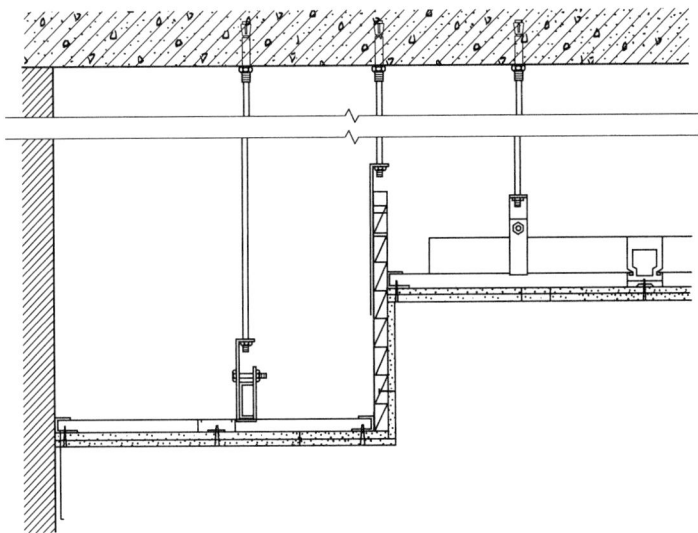

图 3-3 跌级顶棚

清单价格中已包含刷 2 遍环保涂料的费用。对于跌级顶棚部位，涂料面积应相应增加立面的工程量。150mm 高度的部位虽然使用与天棚相同的材料，但即使按天棚价格计算费用，分包工人也不愿意承接。因此，这一部位的工程量应当合并计算。

【发包人立场】

按照清单计算规则，天棚工程量应按设计图示尺寸以水平投影面积计算。天棚面中的灯槽及跌级、锯齿形、吊挂式及藻井式天棚面积不展开计算。清单计价的价格是综合价格，在报价时应考虑跌级部位。清单项目特征描述为各房间及走廊，房间顶棚面积并未因此增加，因此不得增加工程量。

即使考虑立面增加的用工用料，也仅是增加了 150mm 高的石膏板，钢龙骨并未增加。裁剪后剩余的边角料可以利用，承包人实际上并没有损失。各楼道里裁剪出来的 500mm 宽的石膏板条被当作垃圾清走，实际上完全可以利用石膏板废料，因此承包人要求增加工程量是不合理的。

3. 案例解析

根据清单计算规则，不应增加工程量，而应调整综合单价。此部位的变化可认定为工程变更，由平面天棚变更为跌级天棚，导致所用工料机发生变化。因此，可参考预算定额中的价格差异来调整综合单价。

清单计算规则与预算定额中的计算规则存在差异：清单中按设计图示尺寸以水平投影面积计算，而定额中则按设计图示尺寸以展开面积计算。因此，应当修正清单内的定额工程量，并根据定额规定的系数来确定价格。

4. 相关依据

（1）依据《房屋建筑与装饰工程工程量计算规范》（GB 50854—2013）中，

表 N.2 天棚吊顶，清单编码为 011302001 的吊顶天棚项目中的工程量计算规则："按设计图示尺寸以水平投影面积计算。天棚面中的灯槽及跌级、锯齿形、吊挂式、藻井式天棚面积不展开计算。不扣除间壁墙、检查口、附墙烟囱、柱垛和管道所占面积，扣除单个 $>0.3m^2$ 的孔洞、独立柱及与天棚相连的窗帘盒所占的面积。"

（2）依据《天津市装饰装修工程预算基价》（DBD 29-201-2020）第三章天棚工程说明中第九条："天棚面层在同一标高者为平面天棚，天棚面层不在同一标高者为跌级天棚，跌级天棚其面层人工工日乘以系数 1.10，管理费乘以系数 1.05。"

说明中第十条："本章中平面天棚和跌级天棚指一般直线形天棚，不包括灯光槽的制作、安装，灯光槽制作、安装按本章相应项目执行。艺术造型天棚项目中包括灯光槽的制作、安装。"

工程量计算规则中天棚装饰第 1 条："各种吊顶天棚龙骨按设计图示尺寸以主墙间净空面积计算，不扣除间壁墙、检查口、附墙烟囱、柱、垛、管道以及单个面积 $0.3m^2$ 以内的孔洞所占的面积，但天棚中的折线、迭落、圆弧形、高低灯槽等面积也不增加。"

第 3 条："天棚装饰面层按设计图示尺寸以主墙间实铺面积计算，不扣除间壁墙、检查口、附墙烟囱、附墙垛和管道所占面积，扣除单个面积 $0.3m^2$ 以外的孔洞、独立柱、灯槽及与天棚相连的窗帘盒所占的面积。天棚中的折线、迭落、圆弧形、拱形、高低灯槽及其他艺术形式天棚面层均按展开面积计算。"

（3）依据《建设工程工程量清单计价规范》（GB 50500—2013）第 9.3.1 条第 2 款："已标价工程量清单中没有适用但有类似于变更工程项目的，可在合理范围内参照类似项目的单价。"

（4）可借鉴《房屋建筑与装饰工程工程量计算标准》（GB/T 50854—2024）中，表 N.2.1 天棚吊顶，清单编码为 011302002 跌级吊顶天棚的工程量计算规则："按设计图示尺寸以水平投影面积计算。"计算标准中已经单独列出跌级天棚清单子目，在本案例中，承包人在报价时应根据招标清单考虑侧面跌级部位的工程量。

（5）可借鉴《建设工程工程量清单计价标准》（GB/T 50500—2024）中，第 8.9.1 条第 2 款："相同施工条件下实施类似项目特征的清单项目或类似施工条件下实施相同项目特征的清单项目，应采用类似清单项目的合同单价换算调整后的综合单价。"

案例 90：当施工技术和计价规范冲突时，结算工程量以哪个为准？

1. 事实阐述

北京市某市政管线与道路同步修建，整个过程进行基础设施项目结算。月度结算要求根据深基坑支护设计示意断面图（图 3-4）进行工程量计量支付，承包人需对示意图进行深化设计，提供挖槽断面，以实体量形式计算实际断面，并根据施工图纸的工程量进行土方量结算。

道路清渣、道路挖土、基坑支护、雨水、污水、燃气、电力、给水和中水管线的土方工程量依据断面内所有综合地下管线进行计算。为确保准确性，分段长度为

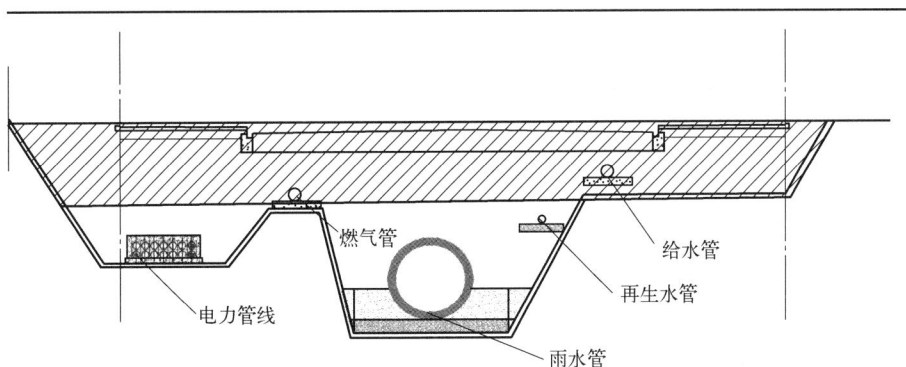

图 3-4　深基坑支护设计示意断面图

20～50m。图中标注了每段的长度、支护做法、管线位置及高程。

双方因工程量清单计价规范与技术规范、现场实际断面计算量的差距，影响了核算及计量支付，导致结算支付延期，直至竣工结算时仍存在争议。

2. 造价争议

【承包人立场】

根据招标文件关于工程量清单编制的原则，重计量应遵循清单计量规范及相关过程文件，完成施工图纸的核算，并结合定额完成量上报结算，以满足结算要求。

根据《建设工程工程量清单计价规范》（GB 50500—2013）第 2.0.17 条，承包人应依据合同工程图纸（包括经发包人批准的承包人提供的图纸）实施工程，并按照现行国家计量规范规定的工程量计算规则，计算完成合同工程项目应计量的工程量与招标工程量清单中列示的工程量之间的差异。

深基坑支护设计示意断面适用于基坑支护和渣土清运工程量的计量，但不适合用于土方工程量的计量。原因如下。

（1）招标清单与施工清单差异较大，重计量原则应一致。

招标清单因施工图纸变化而需重新计算招标图纸与施工图纸之间的差距，原则上应依据招标清单编制说明的内容进行重计量。应执行清单计价规范和清单计量规范，对工程量清单进行修正并确认，然后再进行过程计量，计量标准依据计算规则进行结算。

（2）施工断面为施工方案，无法全面体现土方工程量。

确认断面仅能反映渣土量和基坑支护数量，土方计算应遵循相应的规范与技术标准。计算工程量的基础应结合确认断面与计量规范执行，并需增加断面外的内容。

① 土方工程量按照支护方案的断面执行，基坑支护依据该方案进行；

② 在断面外增加检查井的挖填土工作，包括支线部分；

③ 增加专业管线另行开挖土方工程量及回填工作；

④ 清渣线下的土方倒运和借土内容。

【发包人立场】

发包人不接受按施工图纸核算上报。双方已确认预期实际沟槽断面，根据合同条款对过程结算的要求，必须依据已确认的断面进行结算。由于工程量不能重复，无法按照工程量清单计价规范对共用基槽及各专业分别以路床高程计算土方，因此应执行已签署的土方施工方案进行计算。

3. 案例解析

《建设工程工程量清单计价规范》（GB 50500—2013）第 8.1.1 条明确规定，工程量必须按照相关工程现行国家计量规范的计算规则进行计算。第 8.2.1 条、第 8.2.2 条和第 8.2.3 条也明确要求在规定时间内进行核实和计量，并将结果通知承包人，如有异议可进行协商确定。

承包人应按照施工图纸，结合现场实际情况，完善断面图，以此作为结算依据。《建设工程工程量清单计价规范》（GB 50500—2013）修订为《建设工程工程量清单计价标准》（GB/T 50500—2024）后，类似争议逐渐增多，因为在执行过程中，技术规范和方案的影响远大于计价标准。尤其是在最新计价标准实施后，协调和沟通显得尤为重要。

4. 相关依据

（1）依据《建设工程工程量清单计价规范》（GB 50500—2013）第 8.1.1 条："工程量必须按照相关工程现行国家计量规范规定的工程量计算规则计算。"

第 8.2.1 条："工程量必须以承包人完成合同工程应予计量的工程量确定。"

第 8.2.2 条："施工中进行工程计量，当发现招标工程量清单中出现缺项、工程量偏差，或因工程变更引起工程量增减时，应按承包人在履行合同义务中完成的工程量计算。"

第 8.2.3 条："承包人应当按照合同约定的计量周期和时间向发包人提交当期已完工程量报告。发包人应在收到报告后 7 天内核实，并将核实计量结果通知承包人。发包人未在约定时间内进行核实的，承包人提交的计量报告中所列的工程量应视为承包人实际完成的工程量。"

（2）可借鉴《建设工程工程量清单计价标准》（GB/T 50500—2024）中，第 7.2.1 条："单价合同的分部分项工程项目清单工程量应按下列规定计算：分部分项工程项目清单的单价计价清单项目应依据发包人提供的工程实际施工图纸及颁发和确认的变更指令，按照合同约定的国家及行业工程量计算标准及补充的工程量计算规则进行重新计量，可作为计算分部分项工程项目清单价格的依据……"

案例 91：过程结算采取月度计量支付方式，竣工结算时还需要重新计量核对吗？

1. 事实阐述

某施工单位根据财政审计文件的要求上报了竣工结算资料，但全过程管理咨询负责人对此予以退回。原因是施工单位提交的结算审核不符合咨询人员对竣工结算的要求，即最终结算应为计量支付累加后加上未计量金额，仅需提供一张计量支付汇总表。

项目因施工图纸问题，整个过程的形象进度比例、清单计量和安全文明施工费计量均为零，工程量计量规则和计价原则在过程中未得到执行，导致计量产值失真和缺项。具体事项如下。

（1）过程计量大多是根据清单量设定控制上限，已计入道路工程量，但未涉及管道过程的土方工程量。此外，基坑支护对应的土方、排水、电力机井、给水沟槽的挖填计量工程量均未根据图纸进行，导致过程计量工程量不足。需根据规范分别计算各专业的完整工程量。补充内容：清渣深度约 2.85m，污水工程现况总挖深 4.8m，清渣后至管底挖深 1.95m，填土至路床深 3.45m；雨水工程现况总挖深 4.5m，清渣后至管底挖深 1.65m，填土至路床深 4m；电力工程总挖深 4.5m，清渣后挖深 1.65m，填土至路床深 2.5m。

（2）土方计量差异（包括挖土方、余土运弃和渣土运弃）。

项目招标工程量清单中，道路土方和管道土方分别列项，购置回填土方工程量为 1000m³，系估算值，且道路图纸未提供，实施为路下管线。实际情况出现大量渣土，导致土方回运工程量为 30000m³，与清单工程量差异较大。

（3）关于工程量量差。

根据高程表资料，清渣量为 30274.59m³，与确认单和计量结果大致一致。清渣底回填至设计路床主路，道路回填素土与外购土的工程量为 10514.41m³，人行道回填素土为 8878.42m³，填方工程量总计为 19392.83m³，减去填级配 30cm 的工程量 1814.83m³，回填素土为 17578m³，与确认单中回购确认数量 17472m³ 大致一致。

2021 年计量支付的工程量为 15856m³，监理工程师明确表示不认可该工程量，签证工程量无效，工程量差异可最终在结算时归入总量清单内一起补齐。计量和确认单是根据高程均值估算的，而不是依据土方计算的高程表进行计算。

（4）安全文明施工费计量产值为零。

安全文明施工费的计量产值为零，因未按要求进行计量，结算时需根据主体工程量的完成情况进行全面调整。

2. 造价争议

🐾【承包人立场】

本项目情况不能满足《建设项目过程结算管理标准》（T/CECS 1178—2022）第 3.1.6 条中描述内容，计量只可作为工程款拨付依据。

过程计量直接汇总的结果差异较大，因此应先核定图纸以核算工程量，再进行工程量调差结算。沟槽挖填土方计量应按照施工图和清单计价方式进行，即同期修路按路床到管底，非同期修路按现况高程至管底。鉴于工程量清单已全部汇总，最终结算将延续清单形式，各专业分别计算后再汇总，合槽部分需进行系数处理。

计量资料的闭合性和完整性未满足全过程结算要求，无法通过外部审计。根据项目合同专用条款及图纸的到位情况，该项目不符合标准。坚持的原因在于过程计量与结算之间存在 300 万元的差额。

基于此，承包人依然坚持其主张：在图纸未核定前，计量支付资料仅可作为工程款支付及主材调差的依据，是工程竣工结算的附件资料之一，不满足作为最终过程结算的累加依据。

竣工结算形式：在未核算图纸的条件下，结算应根据施工图纸、签证（归入主体清单）和洽商变更进行核算，首先审核工程量清单，再进行结算。

👥【发包人立场】

财政部、住房和城乡建设部联合发布的《关于完善建设工程价款结算有关办法的通知》（财建〔2022〕183 号）中第二条："当年开工、当年不能竣工的新开工项目可以推行过程结算。发承包双方通过合同约定，将施工过程按时间或进度节点划分施工周期，对周期内已完成且无争议的工程量（含变更、签证、索赔等）进行价款计算、确认和支付，支付金额不得超出已完工部分对应的批复概（预）算。经双方确认的过程结算文件作为竣工结算文件的组成部分，竣工后原则上不再重复审核。"

《建设工程工程量清单计价规范》（GB 50500—2013）第 8.2.6 条："承包人完成已标价工程量清单中每个项目的工程量并经发包人核实无误后，发承包双方应对每个项目的历次计量报表进行汇总，以核实最终结算工程量，并应在汇总表上签字确认。"

项目合同文件明确标注为"过程结算"，只需将各期已计量支付的完成量相加即可。承包人报审过于复杂，还需核算施工图纸，实属不必要。

在项目实施过程中，咨询方与审计方已对完成量进行了计量，无论其是否与图纸一致，均不以图纸为依据，也无需重新核算。根据计量支付的累加金额加上未计量的金额即为最终结算，只需出具一份计量支付汇总表即可。

3. 案例解析

基于项目对过程结算文件的要求条件均不满足，承包人提出应根据《建设项目过程结算管理标准》（T/CECS 1178—2022）第 3.1.6 条和 3.2.3 条款，得到发包人的支持。即在项目全过程结算条件达成后，再确认最终结果，同时也起到了对本项目结算的把关作用。

在实际实施中，凡涉及图纸量确认的事项，监理工程师在确认单中明确表示仅对事件进行确认，不对工程量进行确认。如遇项目抽检，审计仍然只认事实，不认工程量，并检查资料的闭合性。当确认单中的工程量、过程计量数据与图纸存在差异时，将重新计算施工图纸和签证量以进行核实。

为保证过程结算的准确性，当项目不满足过程结算条件时，复核图纸的重要性不言而喻，它是核实实际完成工程量结算的基础。

4. 相关依据

依据《建设项目过程结算管理标准》（T/CECS 1178—2022）第 3.1.6 条："采用单价计价方式的建设项目，发承包双方应根据经相关人员确认的实际施工图纸，结合现场踏勘情况，执行合同约定的计量与计价规则，进行过程结算节点或过程结算周期内的工程价款计算、调整和确认。"

第 3.2.3 条："采用单价计价方式的建设项目，应符合下列规定：1. 分部分项工程和单价措施项目应按当期完成的工程量进行计量与计价；2. 总价措施费宜以单位工程或合同标的为基础，按进度比例或合同给定比例系数计算，或按经相关方确认的实施方案计算；安全文明施工费应按项目所在地区建设行业主管部门的要求执行；3. 因法律法规政策变化、物价波动、工程变更、工程签证、工程索赔等事项发生引起价款调整的，应按合同约定的计算方法计入当期过程结算；4. 暂估价、计日工和总承包服务费应按当期完成的工程价款进行调整和计算；5. 工期奖罚、优质工程奖、标准化工地奖等难以采用过程结算的费用宜在竣工结算中支付。"

第5.4.2条："过程结算编制工作应按下列步骤进行：1. 收集、整理并熟悉过程结算编制依据；2. 根据经确认的工程图纸及设计变更进行现场踏勘，进行必要的现场实测和计算，做好书面或影像记录；3. 按工程承包合同约定的计量规则计算工程量；4. 按工程承包合同约定的计价原则和计价办法进行计价；5. 按约定的调整内容和方法进行过程结算价款调整；6. 编写编制说明；7. 检查、校对、审核、审定并签字盖章；8. 提交过程结算报告。"

案例92：土方工程量出现偏差时，是否按实际发生量计算？

1. 事实阐述

某道路改造工程采用单价合同，在竣工结算过程中，发包人与承包人就土方开挖及回填工程量的计算问题产生争议。实际发生工程量与招标工程量相比，发现土方开挖工程量存在漏计，而回填工程量则有少计情况。双方对是否应按实际工程量调整合同价格存在分歧。

2. 造价争议

【承包人立场】

经双方最终核实，工程量系依据现场施工图设计标高计算，且未经压实后的实际工程量，并非因填土误差或沉降导致的变化。故依照招标文件及合同专用条款约定，工程量清单中漏计或少计项目应按实际情况计算，相应措施费亦应调整或增加。

【发包人立场】

根据招标文件的相关约定，中标后不得因填土误差及填土沉降导致的土方工程量变化而调整工程造价。因此，漏计和少计的工程量应视为在风险范围内，不予调整合同价格。

3. 案例解析

招标文件虽为合同形成过程的资料之一，但合同是双方自愿签订，应按合同中的综合单价包干，工程量按实际完成情况进行计量和计价，并据此调整合同价格。此外，依据清单计价规范，竣工结算的工程量应按发承包双方在合同中约定应予计量且实际完成的工程量确定。

根据清单计价规范，应当按照实际发生的工程量来调整合同价格。包括土方开挖的漏计部分和回填工程量的少计部分（如超出约定偏差范围）。同时，相应的措施费也应根据实际情况进行调整或增加。这样的处理方式既符合相关规范的要求，也能够公平合理地解决双方的争议。

4. 相关依据

（1）依据《建设工程工程量清单计价规范》（GB 50500—2013）第 4.1.2 条："招标工程量清单必须作为招标文件的组成部分，其准确性和完整性应由招标人负责。"

（2）依据《建设工程施工合同（示范文本）》（GF-2017-0201）第 1.13 条："除专用合同条款另有约定外，发包人提供的工程量清单，应被认为是准确的和完整的。出现下列情形之一时，发包人应予以修正，并相应调整合同价格：（1）工程量清单存在缺项、漏项的；（2）工程量清单偏差超出专用合同条款约定的工程量偏差范围的；（3）未按照国家现行计量规范强制性规定计量的。"

（3）可借鉴《建设工程工程量清单计价标准》（GB/T 50500—2024）第 3.1.8 条："采用单价合同的工程，分部分项工程项目清单的准确性、完整性应由发包人负责；采用总价合同的工程，已标价分部分项工程项目清单的准确性、完整性应由承包人负责。建设工程无论是采用单价合同或总价合同，按项编制的措施项目清单的完整性及准确性均应由承包人负责。"

第三节　施工合同争议

案例 93：钢材价格上涨时，成品钢构件价格是否应该调整？

1. 事实阐述

某钢结构项目采用工程量清单计价方式，合同价格形式为单价合同。合同专用条款约定，承包人采购的材料价格变化超过招标控制价编制单价的 5％时，可对超过部分进行调整。然而，施工期间，该市造价管理机构未发布钢结构成品构件价格，但钢材信息价变化超过投标基准价的 5％。因此，竣工结算阶段，发包人与承包人产生争议。

2. 造价争议

【承包人立场】

根据清单计价规范中物价变化的相关规定及市场询价结果，应按市场价进行调整。虽然市造价管理机构未发布钢结构成品构件价格，但这并不意味着钢结构材料未涨价。可参考钢材价格的同比增长率进行相应调整。

【发包人立场】

工程采用单价合同结算方式，且市造价管理机构未发布钢结构成品构件价格，成品钢材除材料价外，还包含制作等费用，无法确定合同价中钢结构成品价包含的材料费价格，故不予调整合同价款。尽管钢材市场价格有所上涨，但合同约定是按钢结构成品构件价格考虑，工程造价信息中的钢材和钢构件属两种不同的信息价格，不应混淆。

3. 案例解析

合同中已明确约定，当材料价格变动超过招标控制价5%时，应计算相应的调整费用。作为交付的半成品，钢结构构件的价格调整应依据市场价进行。此外，最终钢结构产品构件的市场价需经发包人、承包人、建设单位、设计单位、监理单位五方确认后方可进入结算程序。

基准价应以工程造价信息中的市场价格为依据确定。造价信息中价格缺项时，应以发包人与承包人共同确认的市场价格为依据确定。合同约定的本意是材料价格上涨风险共担原则，当实际市场价格上涨时，发包人不应以工程造价信息价格中未发布钢结构成品构件为由规避风险承担责任。因此，鉴于合同为双方真实意思表示，应当调整价格。

4. 相关依据

（1）依据《中华人民共和国民法典》第一百四十二条："有相对人的意思表示的解释，应当按照所使用的词句，结合相关条款、行为的性质和目的、习惯以及诚信原则，确定意思表示的含义。无相对人的意思表示的解释，不能完全拘泥于所使用的词句，而应当结合相关条款、行为的性质和目的、习惯以及诚信原则，确定行为人的真实意思。"

（2）依据《建设工程工程量清单计价规范》（GB 50500—2013）条文说明第3.4.2~3.4.4条："根据我国工程建设特点，投标人应完全承担的风险是技术风险和管理风险，如管理费和利润；应有限度承担的是市场风险，如材料价格、施工机械使用费等的风险；应完全不承担的是法律、法规、规章和政策变化的风险。本规范定义的风险是综合单价包含的内容。根据我国目前工程建设的实际情况，各省、自治区、直辖市建设行政主管部门均根据当地人力资源和社会保障行政主管部门的有关规定发布人工成本信息或人工费调整，对此关系职工切身利益的人工费不应纳入风险，材料价格的风险宜控制在5%以内，施工机械使用费的风险可控制在10%以内，超过者予以调整，管理费和利润的风险由投标人全部承担。"

案例94：合同约定的质保金为10%，在合同解除后如何处理这部分款项？

1. 事实阐述

某工业厂房装修工程合同约定：发包人按工程结算款的10%扣留质保金，工程竣工验收合格满两年后支付，不计算利息。项目履行过程中，发包人因资金紧张，未按时支付工程款，双方中途解除合同。双方对已完工程进行清算，达成一致的清算款项为18098.89万元，但对是否应按合同约定扣除10%质保金产生争议。

2. 造价争议

【承包人立场】

合同因发包人原因解除后，应支付全部欠付工程款 9098.89 万元（18098.89 万元减去已支付的 9000 万元，即 9098.89 万元）。合同约定的 10% 质量保证金违反《建设工程质量保证金管理办法》（建质〔2017〕138 号）第七条规定，因此合同中该条款无效。根据《建设工程施工合同（示范文本）》（GF-2017-0201）第 16.1.4 条第 6 款，应当返还质量保证金。

鉴于分部分项工程和主体结构工程均有过程验收合格资料，且因发包人资金问题导致工程停工，复工时间尚未确定，故无法提供整体工程验收单。

【发包人立场】

根据合同约定，质保金按 10% 扣除，且应在工程竣工验收合格满两年后方可返还。鉴于当前工程尚未竣工验收，未达到支付条件，故不予支付。

3. 案例解析

合同中约定 10% 的质量保证金虽超出《建设工程质量保证金管理办法》（建质〔2017〕138 号）的规定，但不构成违反法律法规的强制性规定，基于双方自愿，该约定有效。

建设工程质量保证金是发包人与承包人在合同中约定，从应付工程款中预留，用于保证承包人在缺陷责任期内对工程缺陷进行维修的资金。其本质与工程进度款、结算款性质相同，属于工程款的组成部分。

合同解除时，若工程尚未竣工验收，缺陷责任期未开始计算，质量保证金条款尚未履行。根据《中华人民共和国民法典》第五百六十六条，合同解除后，尚未履行的部分终止履行。且合同中约定因发包人违约解除合同后的付款包括应退还的质量保证金，则不宜直接适用原合同中质量保证金条款扣留部分款项。所以，发包人的理解是错误的。

需注意，建设工程施工合同解除并不免除承包人的保修义务，承包人仍应对已完工程部分质量承担保修责任。

4. 相关依据

（1）依据《住房城乡建设部财政部关于印发建设工程质量保证金管理办法的通知》（建质〔2017〕138 号）第七条："发包人应按照合同约定方式预留保证金，保证金总预留比例不得高于工程价款结算总额的 3%。合同约定由承包人以银行保函替代预留保证金的，保函金额不得高于工程价款结算总额的 3%。"

（2）依据《中华人民共和国民法典》第一百五十三条："违反法律、行政法规的强制性规定的民事法律行为无效。但是，该强制性规定不导致该民事法律行为无效的除外。违背公序良俗的民事法律行为无效。"

第五百六十六条："合同解除后，尚未履行的，终止履行；已经履行的，根据履行情况和合同性质，当事人可以请求恢复原状或者采取其他补救措施，并有权请求赔偿损失。合同因违约解除的，解除权人可以请求违约方承担违约责任，但是当事人另有约定的除外。主合同解除后，担保人对债务人应当承担的民事责任仍应当承担担保责任，但是担保合同另有约定的除外。"

第八百零六条："承包人将建设工程转包、违法分包的，发包人可以解除合同。发包人提供的主要建筑材料、建筑构配件和设备不符合强制性标准或者不履行协助义务，致使承包人无法施工，经催告后在合理期限内仍未履行相应义务的，承包人可以解除合同。合同解除后，已经完成的建设工程质量合格的，发包人应当按照约定支付相应的工程价款；已经完成的建设工程质量不合格的，参照本法第七百九十三条的规定处理。"

（3）依据《建设工程施工合同（示范文本）》（GF-2017-0201）第 16.1.4 条，对因发包人违约解除合同后的付款的规定为："承包人按照本款约定解除合同的，发包人应在解除合同后 28 天内支付下列款项，并解除履约担保：（1）合同解除前所完成工作的价款；（2）承包人为工程施工订购并已付款的材料、工程设备和其他物品的价款；（3）承包人撤离施工现场以及遣散承包人人员的款项；（4）按照合同约定在合同解除前应支付的违约金；（5）按照合同约定应当支付给承包人的其他款项；（6）按照合同约定应退还的质量保证金；（7）因解除合同给承包人造成的损失。"

案例 95：破除塔吊基础混凝土应另行签证计算吗？

1. 事实阐述

某厂区建设项目的合同施工范围包括厂房工程、室外道路工程、室外给排水工程和围墙工程。在进行室外给排水工程施工时，厂区外的市政道路上有光缆穿过绿化带，导致排水管线需要变更走向。同时，建设厂房时设置的吊塔基础影响了排水管线的土方开挖。现场监理工程师对此进行了确认并签署了相关文件，决定拆除塔吊基础的钢筋混凝土块体。

在厂房施工过程中，承包人将产生的垃圾填入原场地内废弃的排水河沟，现在进行室外工程施工时，需要对室外道路垫层和排水沟基础垫层进行作业，无法夯实此基础，因此需要将垃圾开挖并运出场外。承包人按照 30 元/m³ 的价格委托专业土方清运公司完成此项工作。现场监理工程师已对垃圾开挖费用和清运费用进行了签证。

在结算时，发包人对这两份签证不予结算，认为此事件均由承包人造成，不应另行签证解决。而承包人则认为签证文件真实有效，费用应予计算，因此双方产生了争议。

2. 造价争议

🔖【承包人立场】

办理签证后，应该根据签证内容进行结算。既然双方已经同意此事项，就没有理由不结算工程款。室外工程的投标报价中并未考虑塔吊基础的拆除，这项工作是由于变更管线位置所导致的，因此费用应由发包人承担。此外，场外垃圾运输也未包含在合同中，清运费用应由发包人支付。目前承包人已协助完成清理工作，因此应支付相应费用。

【发包人立场】

塔吊基础的拆除费用已包含在文明施工费用中，因为临时设施需要在承包人撤场时全部清理完成，因此该费用应由承包人承担。建设厂房过程中产生的垃圾是由承包人造成的，无论是挖填还是清运，相关费用均应由承包人支付。

合同施工范围包括厂房工程、室外道路工程、室外给排水工程和围墙工程，厂区内的所有工作均应由承包人完成。在投标报价时，承包人应考虑厂区红线内的所有建设工程，并根据施工图纸计算工程量，措施费也应包含在报价中，不应另行计算。

签证单仅为监理工程师对事实存在的确认，并未说明需支付费用，因此可视为技术签证，不涉及合同价格的调整。签证单中虽描述了作业方法及专业土方清运价格 30 元/m³，并不代表在结算时可以增加此项费用。

3. 案例解析

塔吊基础的拆除费用应计算，生活垃圾处理费不应另行计算，因为根据《房屋建筑与装饰工程工程量计算规范》（GB 50854—2013），清单编码 011703001 垂直运输的工作内容为"垂直运输机械的固定装置、基础制作、安装"，可以看出该项只包含基础制作、安装，不含基础拆除。而生活垃圾处理费则包括在安全文明施工费用中。然而，建筑垃圾处理并未包括在其中，而是属于消纳费范畴。如果由承包人负责处理建筑垃圾，则应另行计算费用。

关于承包人提到的排水管线位置变更，这并不影响混凝土块体的破除工作。承包人应当全面拆除塔吊基础的混凝土块体。尽管监理工程师已签署了相关文件，但发包人不应再签发签证。需要注意的是，签证单本身并不自动意味着费用增加，还需要双方就合同价格调整达成一致。

4. 相关依据

（1）依据《房屋建筑与装饰工程工程量计算规范》（GB 50854—2013）中，附录 S.7 安全文明施工及其他措施项目，清单编码 011707001 安全文明施工的工作内容及包含范围第 1 条："环境保护：现场施工机械设备降低噪声、防扰民措施；水泥和其他易飞扬细颗粒建筑材料密闭存放或采取覆盖措施等；工程防扬尘洒水；土石方、建渣外运车辆防护措施等；现场污染源的控制、生活垃圾清理外运、场地排水排污措施；其他环境保护措施。"

清单编码 011707001 安全文明施工的工作内容及包含范围第 4 条："临时设施：施工现场采用彩色、定型钢板，砖、混凝土砌块等围挡的安砌、维修、拆除；施工现场临时建筑物、构筑物的搭设、维修、拆除，如临时宿舍、办公室、食堂、厨房、厕所、诊疗所、临时文化福利用房、临时仓库、加工场、搅拌台、临时简易水塔、水池等；施工现场临时设施的搭设、维修、拆除，如临时供水管道、临时供电管线、小型临时设施等；施工现场规定范围内临时简易道路铺设，临时排水沟排水设施安砌、维修、拆除；其他临时设施搭设、维修、拆除。"

（2）依据《北京市住房和城乡建设委员会关于建筑垃圾运输处置费用单独列项计价的通知》（京建法〔2017〕27号）第一条建筑垃圾运输处置费用包括的内容："本通知所称建筑垃圾运输处置费用是指房屋建筑和市政基础设施工程（以下简称"建设工程"）的新建、改建、扩建、装饰装修、修缮等产生的施工垃圾场外运输和消纳费用、渣土运输和消纳费用、弃土（石）方运输和经专家论证应消纳处置的弃土（石）方消纳费用。其中，施工垃圾运输处置费用是指建设工程中除弃土（石）方和渣土项目外施工产生的建筑废料和废弃物、办公生活垃圾、现场临时设施拆除废弃物和其他弃料等的运输和消纳费用。"

第二条计价要求第二款："依据《建设工程工程量清单计价规范》（GB 50500—2013）《房屋建筑与装饰工程工程量计算规范》（GB 50854—2013）等清单计算规范编制招标工程量清单时，涉及建筑垃圾运输、消纳的项目，应按本通知附件2的规定，分专业单独设置建筑垃圾运输处置费清单项目，并在汇总计算表格中单独设定建筑垃圾运输处置费项目及表格填报要求。弃土（石）方、渣土项目的招标工程量，由编制人依据专家论证通过的弃土（石）运输处置方案、地质勘察报告、施工图纸、工程量计算规则等，并结合现场实际情况确定。"

第三条有关规定第二款："施工垃圾场外运输和消纳费用单独补充列在各专业定额的措施项目章节中，并按规定计取各项费用和税金。"

（3）可借鉴《房屋建筑与装饰工程工程量计算标准》（GB/T 50854—2024）中，表R.1.1措施项目，清单编码为011601003其他大型机械进出场及安拆的工作内容："除垂直运输机械以外的大型机械安装、检测、试运转和拆卸，运进、运出施工现场的装卸和运输，轨道、固定装置的安装和拆除等。"计算标准中是单独列出清单项，工作内容中明确了固定装置的安装和拆除。

案例96：发包人因资金问题取消部分工程，承包人能否索赔？

1. 事实阐述

合同约定承包范围为6栋厂房，但因发包人资金不足，取消了4栋厂房。在工程结算时，承包方是否可获得损失补偿？此外，发包人以承包人进度缓慢为由，擅自将一栋楼的机电部分工程分包给其他单位以加快进度，这种做法是否合理？

2. 造价争议

【承包人立场】

发包人资金不足导致合同额减少60%，整体利润相应降低，故要求赔偿取消厂房建设所产生的利润损失。

虽然未能达到合同约定的工期可予以处罚，但如何证明进度节点未达到工期要求仍需论证。此外，未经同意，发包人不得将机电部分工程分包给其他单位。

【发包人立场】

实际施工未增加投入费用。若项目盈利，可申请利润补偿；若项目亏损，则应退还部分费用。由于事实未发生，故不存在赔偿问题。

3. 案例解析

在项目管理实践中，合同变更需经双方当事人协商一致。若一方提出变更要求而另一方不同意，则合同不发生变更，双方仍按原合同履行。若合同变更争议在工程结算时才出现，可视为双方已默认变更事实，继续施工至结算阶段才提出争议。因此，承包人也存在一定过错，若当时协商赔偿费用，将比事后谈判更具优势。

在建设工程法律诉讼中，发包人将机电部分另行分包时，总承包方可收取相应的总承包服务费。然而，利润损失难以准确鉴定，通常仅直接损失可获得赔偿。

综合分析，承包人可获得的赔偿应基于实际投入成本。例如，已完成的施工现场路面硬化因取消单体而造成的损失；已布置完成的施工塔吊搭设成本；已准备就绪但无法退回生产厂家的施工材料损失等均可纳入赔偿范围。可通过评估实际投入的多余人力、物资和设备进行赔偿分析，编制索赔报告，并通过谈判方式解决争议。

4. 相关依据

（1）依据《中华人民共和国民法典》第七百七十七条："定作人中途变更承揽工作的要求，造成承揽人损失的，应当赔偿损失。"

（2）依据《建设工程工程量清单计价规范》（GB 50500—2013）第 9.3.3 条："当发包人提出的工程变更因非承包人原因删减了合同中的某项原定工作或工程，致使承包人发生的费用或（和）得到的收益不能被包括在其他已支付或应支付的项目中，也未被包含在任何替代的工作或工程中时，承包人有权提出并应得到合理的费用和利润补偿。"

（3）依据《建设工程施工合同（示范文本）》（GF-2017-0201）第 16.1.1 条，发包人违反第 10.1 款〔变更的范围〕第（2）项约定，自行实施被取消的工作或转由他人实施的，属于违约行为。第 16.1.2 条关于发包人违约责任的规定："发包人应承担因其违约给承包人增加的费用和（或）延误的工期，并支付承包人合理的利润。"

（4）可借鉴《建设工程工程量清单计价标准》（GB/T 50500—2024）第 8.9.8 条："非承包人原因，发包人提出的工程变更取消了合同中的某项原定工作或工程，且承包人发生的费用或（和）应得的收益没有包括在其他已支付或应支付的项目中或在任何替代的工作或工程中，发包人应补偿承包人的损失费用及合理的预期收益。"

案例 97：审减率超过 5% 时，由承包人支付结算审核费用是否合理？

1. 事实阐述

某医院项目的消防工程，合同附件《工程结算报审承诺书》第二条规定："我方承诺所提交的结算数据严格遵照合同执行，保证其准确性和真实性。若结算审减率超过 5%（审减率＝审减总金额/竣工结算报审总金额），我方同意承担审核费〔审核费＝（竣工结算报审总金额－结算审定额）×10％］，并从最终结算款中扣除。"本项目结算审减率达 8％，承包人拒绝支付审减费用，理由是该条款为发包人提供的格式合同附件，不代表承包人的真实意思表示，且 10％的审核费用比例过高。

2. 造价争议

【承包人立场】

合同附件《工程结算报审承诺书》系承包人在签订合同时按发包人提供的格式被迫签署的，不代表承包人真实意愿。造价咨询单位由发包人聘请，费用理应由发包人承担。鉴于造价编制存在一定偏差，由承包人全额支付费用不合理。

【发包人立场】

合同附件《工程结算报审承诺书》系承包人自愿签订，不存在强制情形。该承诺书已包含于招标文件及合同文件中，承包人若不同意，可选择不参与投标或不签订合同。既然承包人已作出承诺，理应依照承诺内容支付审核费用。

3. 案例解析

合同附件《工程结算报审承诺书》在招标文件和合同中均有体现，承包人提出的"被迫"及"不是真实意思表达"在证据不足的情况下不能支持。

合同附件《工程结算报审承诺书》只有承包人盖章，属于有相对人的意思表示，到达相对人时就生效了。此承诺内容不违反法律、行政法规的强制性规定，不违背公序良俗，应当是有效的。

造价编制存在误差率是正常现象，误差率 5％未超过行业对成果文件的要求。按照审减额 10％收费是否过高，需要承包人举证证明（如发包人与造价咨询单位签订的合同、行业标准等）。

4. 相关依据

（1）依据《建设工程造价咨询质量控制规范》（DB42/T 823—2021）第 6.3.13 条："相同口径下，在同一成果文件中，施工图预算的综合误差率应小于±5％。"

（2）依据《中华人民共和国民法典》第一百四十一条："行为人可以撤回意思表示。撤回意思表示的通知应当在意思表示到达相对人前或者与意思表示同时到达相对人。"

第一百四十三条："具备下列条件的民事法律行为有效：（一）行为人具有相应的民事行为能力；（二）意思表示真实；（三）不违反法律、行政法规的强制性规定，不违背公序良俗。"

第一百五十三条："违反法律、行政法规的强制性规定的民事法律行为无效。但是，该强制性规定不导致该民事法律行为无效的除外。违背公序良俗的民事法律行为无效。"

第五百八十五条："当事人可以约定一方违约时应当根据违约情况向对方支付一定数额的违约金，也可以约定因违约产生的损失赔偿额的计算方法。约定的违约金低于造成的损失的，人民法院或者仲裁机构可以根据当事人的请求予以增加；约定的违约金过分高于造成的损失的，人民法院或者仲裁机构可以根据当事人的请求予以适当减少。"

案例 98：合同中未明确约定价差调整的范围和方法，在结算时该怎么办？

1. 事实阐述

某项目采用 BT 模式，资金来源为财政资金，采用工程量清单计价方式，合同价格形式为单价合同。目前项目处于竣工结算阶段，因规划设计方案调整，工期延长一年。双方依据新施工图重新计量并调整合同价款。然而，在调整后的合同价款中，发承包双方就价差调整产生计价争议。合同未明确约定材料价差调整条款，且投标期内无相关工程造价信息价格，致使双方在执行时出现分歧。

2. 造价争议

【承包人立场】

对于缺乏投标期工程造价信息价格的材料，其基准价应通过市场询价方式确定，并与实际施工期主材价格进行对比，根据价差进行合理调整。例如水电安装专业中的食品级不锈钢管，仅有不锈钢管有工程造价信息价格，但是设计要求是食品级不锈钢管的价格，因此应按市场价格考虑。

【发包人立场】

乙方应承担市场波动的风险，单价为固定包干，因此不应对材料价差进行调整。对于工程造价信息价格以外的材料，采取承包人申报，发包人审批认价的方式确定价格。

3. 案例解析

合同中未对材料价格调整的调差范围和方法进行明确约定，导致双方在利益分配上产生了严重的矛盾。建议发承包双方通过协商达成补充协议，明确材料价差调整的范围和方法。

如果合同中明确约定的事项，可参考相关规定或指导价格进行结算，按通用规则或市场公认的规则解决争议问题。本项目的情况是双方同意调整价款，但对调整范围和方式出现分歧，应通过协商的方式解决。

建议处理方式：双方应首先确定需要进行价差调整的主要材料清单，重点关注工程造价占比较大的材料。对于有工程造价信息价格的材料，以投标期信息价为基准；对于无工程造价信息价格的材料（如食品级不锈钢管），可采用市场询价方式确定基准价。参考清单计价规范中的规定，可以设定 5% 作为调整幅度的基准线。

4. 相关依据

（1）依据《中华人民共和国民法典》第五百一十三条："执行政府定价或者政府指导价的，在合同约定的交付期限内政府价格调整时，按照交付时的价格计价……"

（2）依据《建设工程工程量清单计价规范》（GB 50500—2013）第 9.8.2 条："承包人采购材料和工程设备的，应在合同中约定主要材料、工程设备价格变化的范围或幅度；当没有约定，且材料、工程设备单价变化超过 5%时，超过部分的价格应按照本规范附录 A 的方法计算调整材料、工程设备费。"

（3）依据《建设工程施工合同（示范文本）》（GF-2017-0201）第 11.1 条市场价格波动引起的调整，第 2 种方式，采用造价信息进行价格调整相关条款："合同履行期间，因人工、材料、工程设备和机械台班价格波动影响合同价格时，人工、机械使用费按照国家或省、自治区、直辖市建设行政管理部门、行业建设管理部门或其授权的工程造价管理机构发布的人工、机械使用费系数进行调整；需要进行价格调整的材料，其单价和采购数量应由发包人审批，发包人确认需调整的材料单价及数量，作为调整合同价格的依据。"

（4）可借鉴《建设工程工程量清单计价标准》（GB/T 50500—2024）第 8.7.2 条："合同约定调整的人工费、材料费、施工机具使用费中的燃料动力费市场价格波动超出合同约定幅度，如合同未约定幅度或约定不明，其市场价格波动幅度超出 5% 时，可按本标准附录 A 的方法之一调整合同价格。"

案例 99：单价合同中的主材未约定价格调整方式，如何调整？

1. 事实阐述

北京市某热力项目招标时未将部分设备和主材列入可调范围，合同条款明确规定主材价格应按当期工程造价信息计价。直埋保温管和部分阀门非暂估材料，也不在价格调整范围内。

承包人中标进场后，发包人收到热力管理部门通知，要求使用新版库内厂家的设备和主材，以确保质量合格并顺利通过验收。承包人投标时选用的厂家不在新版库内，此变更将导致工程成本增加约 300 万元。承包人因此要求补差，但遭到发包人拒绝，双方由此产生争议。

2. 造价争议

【承包人立场】

根据北京市住房和城乡建设委员会《关于加强建设工程施工合同中人工、材料等市场价格风险防范与控制的指导意见》（京建发〔2021〕270 号）规定，本项目未列入风险调整的主要材料和设备缺项（阀门、设备均为自行采购），且招标文件规定，热力专业钢管等在投标时参考工程造价信息价格。

项目开工后，依据专业管理部门的强制性要求，新增验收标准，更换合格厂家的主要材料和设备。应按新标准进行调整，并结合报价期价格、工程造价信息价格及实际采购价调整增额部分。变更厂家后，专业材料、工程设备、施工机械调整超出 ±5% 的价差乘以税金计入合同价款。

【发包人立场】

作为经验丰富的投标人，承包人在投标期间应了解专业管理部门对厂家和标准的要求，报价时应综合考虑不可调整主材的价格风险，且主材供应价格不应仅以最低价为准，而应以各厂家的平均价格计入，这属于报价中承包人必须承担的材料市场价格风险，不得调整。

3. 案例解析

根据北京市住房和城乡建设委员会《关于加强建设工程施工合同中人工、材料等市场价格风险防范与控制的指导意见》（京建发〔2021〕270号）文件规定，合同价格的合理调整不仅需考虑合约条款约定，还应关注规范性文件和专业项目管理规定。

合同未将专业管理部门的主材钢管、设备及阀门纳入可调主材范围，且未考虑入库厂家价格与市场信息价差的风险，构成重大风险。投标阶段未收到关于不可调主材使用厂家的管理部门内部硬性规定文件，中标后更改管理库内厂家，给承包人的项目实施造成采购压力和资金风险，依照投标使用的厂家主材可能无法保障竣工验收合格。承包人无法承担由此造成的风险，应根据管理部门规定进行费用调整。

建议根据相关规范、招标文件和合同约定，遵循风险共担、合理分担原则，专业材料、工程设备、施工机械价格调整超出±5％的部分计入合同价差。

4. 相关依据

（1）根据北京市住房和城乡建设委员会《关于加强建设工程施工合同中人工、材料等市场价格风险防范与控制的指导意见》（京建发〔2021〕270号）第二条："在施工合同中，不得采用无限风险、所有风险或类似语句规定计价中的风险内容及范围，不得约定明显风险不合理或显失公平的内容。"

第三条："合同对风险范围和幅度没有约定或约定不明的，或者合同有约定但采用固定价包干的，以及合同成立后合同的基础条件发生了发承包双方在订立合同时无法预见的、不属于商业风险的重大变化，继续履行合同对于发承包双方一方明显不公平的，发承包双方可根据《中华人民共和国民法典》的相关规定和实际情况，本着诚信、公平的原则，参考以下原则签订补充协议，合理分担风险。……按照风险共担、合理分担原则，人工风险幅度不得超过±5％，材料、工程设备、施工机械台班等风险幅度一般不超过±5％。"

（2）依据《建设工程工程量清单计价规范》（GB 50500—2013）第3.4.1条："建设工程发承包，必须在招标文件、合同中明确计价中的风险内容及其范围，不得采用无限风险、所有风险或类似语句规定计价中的风险内容及范围。"

条文说明第3.4.2～3.4.4条："根据我国工程建设特点，投标人应完全承担的风险是技术风险和管理风险，如管理费和利润；应有限度承担的是市场风险，如材料价格、施工机械使用费等的风险；应完全不承担的是法律、法规、规章和政策变化的风险。本规范定义的风险是综合单价包含的内容。根据我国目前工程建设的实际情况，各省、自治区、直辖市建设行政主管部门均根据当地人力资源和社会保障行政主管部门的有关规定发布人工成本信息或人工费调整，对此关系职工切身利益的人工费不应纳入风险，材料价格的风险宜控制在5％以内，施工机械使用费的风险可控制在10％以内，超过者予以调整，管理费和利润的风险由投标人全部承担。"

（3）可借鉴《建设工程工程量清单计价标准》（GB/T 50500—2024）第3.3.1条："建设工程的施工发承包，应在招标文件、合同中明确计量与计价的风险内容及其范围，不得采用无限风险、所有风险或类似语句约定工程计量与计价中的风险内容及范围。"

案例100：施工现场的临时道路转为永久道路使用，需要增加费用吗？

1. 事实阐述

天津某厂区建设项目，为单层钢结构工程，因临时道路是否转为永久道路引发费用争议。承包人认为该道路已按发包人要求完成，达到标准道路规格，应获额外补偿。发包人则认为临时道路费用已包含在合同价中。双方就该道路后期使用性质及结算产生分歧。

2. 造价争议

【承包人立场】

原施工组织设计中临时道路计划为宽5m、厚0.15m的混凝土道路。发包人在施工过程中要求变更为宽6m、厚0.22m，并提供了道路坐标位置；路基要求铺设三合土并多次碾压。该变更有会议纪要和发包人草图作为依据。该道路可作为永久使用，应增加相应费用；如不支付相应费用，则可拆除该道路。

【发包人立场】

合同明确规定临时道路费用由承包人承担，且已包含在临时设施费中。尽管施工过程中按照指示要求修建道路，但施工组织设计未明确临时道路尺寸，仅属承包人计划作业的范畴，故不应办理签证单，另行增加费用。

3. 案例解析

这是一个典型的工程变更引起的费用争议案例。解决关键在于明确临时道路的性质、用途变化以及相关证据，通过协商或第三方介入来达成一致。

根据常规施工实践，临时道路的修筑主要为便利施工，其荷载设计考虑施工物资运输需求。永久道路则需符合相应设计规范标准。对于单层钢结构工程，其运输荷载主要为混凝土运输车辆和25t汽车吊。在此情况下，在天然地基上铺设0.15m厚混凝土道路即可满足要求，无需额外建设三合土路基及0.22m厚的路面。

建议双方协商解决。将临时道路变更为永久道路属于发包人要求的工程变更，应按合同中约定的工料机单价乘以增加的工程量进行结算。若合同中未包含适用于变更后事项的价格，双方应根据实际发生的费用情况进行结算。

4. 相关依据

（1）依据《建设工程工程量清单计价规范》（GB 50500—2013）第9.3.1条第4款："已标价工程量清单中没有适用也没有类似于变更工程项目，且工程造价管理机构发布的信息价格缺价的，应由承包人根据变更工程资料、计量规则、计价办法和通过市场调查等取得有合法依据的市场价格提出变更工程项目的单价，并应报发包人确认后调整。"

第 9.3.2 条第 2 款："采用单价计算的措施项目费，应按照实际发生变化的措施项目，按本规范第 9.3.1 条的规定确定单价。"

（2）可借鉴《建设工程工程量清单计价标准》（GB/T 50500—2024）第 8.9.1 条第 4 款："不同施工条件下实施不同项目特征的清单项目，可依据工程实施情况，结合同类工程类似清单项目的综合单价，协商确定市场合理的综合单价。"

案例 101：市规划和国土资源管理委员会发布的文件属于政策性调整文件吗？

1. 事实阐述

某项目因受该市综合体规划督察分类意见处理影响，工期延误 112 天。承包人认为该事件不构成不可抗力，应获得前期费用和机械费用赔偿。发包人则认为市规划和国土资源委员会发布的文件属于政策性调整文件，该事件属于不可抗力导致的工期延误，不可抗力造成的费用应各自承担，故不应支持承包人的赔偿要求。双方就执行该文件所致工期延误是否构成不可抗力存在争议。

2. 造价争议

【承包人立场】

合同签订后，承包人接到发包人通知时，已进场组织施工，并陆续安排相关劳务工人、施工材料、机械设备进场。项目受该文件影响，导致实际开工日延期，但发包人自承包人进场后未告知具体开工日期。工程承包合同的签订应建立在项目立项成功的基础上。发包人在通知进场后未能正常移交施工场地，属于发包人原因导致的开工延期，不属于不可抗力。根据合同约定，延期开工应由发包人负责补偿因延期开工增加的前期费用、机械费用。

【发包人立场】

本项目在合同签订前已获得区政府审批，并取得项目用地批复及用地规划许可证，正处于办理出让合同阶段。然而，在开工前，市规划和国土资源委员会印发文件要求本项目进行占补平衡，导致项目建设开工延期。该文件属于政策性调整，符合合同专用条款中约定的不可抗力情形，即对工程有直接影响的重大政策性调整。

3. 案例解析

本案例中因涉及占用城市总体规划强制性内容，需按照发文中的意见开展城市总体规划占补平衡方案的研究，是发文人履行协助配合城市整体规划的义务。而有关部门要求本项目进行占补平衡，方可继续推进项目的建设，是履行行政职责的行为，并不属于政策性调整。因此导致工期延误，应予顺延工期。承包人可收集相关证据向发包人进行索赔。

政策性调整是指政府为实现特定经济或社会目标而采取的一系列政策措施，通常涉及财政、货币、产业等多个领域的政策变化。本项目中，有关部门要求进行占补平衡，这显然不能认定为不可抗力。因此，承包人提出的赔偿要求应当得到支持。

政策调整在《建设工程施工合同（示范文本）》（GF-2017-0201）中有相关规定。除市场价格波动引起的调整外，其他增加的费用由发包人承担。承包人要求增加的前期费用和机械费用，只要合理且由政策调整导致，就应计入。

4. 相关依据

（1）依据《建设工程工程量清单计价规范》（GB 50500—2013）第 3.4.2 条："由于下列因素出现，影响合同价款调整的，应由发包人承担：（1）国家法律、法规、规章和政策发生变化；……"

条文说明第 3.4.2～3.4.4 条："根据我国工程建设特点，投标人应完全承担的风险是技术风险和管理风险，如管理费和利润；应有限度承担的是市场风险，如材料价格、施工机械使用费等的风险；应完全不承担的是法律、法规、规章和政策变化的风险。"

（2）依据《建设工程施工合同（示范文本）》（GF-2017-0201）第 11.2 条对法律变化引起的调整的规定："基准日期后，法律变化导致承包人在合同履行过程中所需要的费用发生除第 11.1 款〔市场价格波动引起的调整〕约定以外的增加时，由发包人承担由此增加的费用；减少时，应从合同价格中予以扣减。基准日期后，因法律变化造成工期延误时，工期应予以顺延。"

（3）可借鉴《建设工程工程量清单计价标准》（GB/T 50500—2024）第 3.3.2 条："下列事项引起的计量与计价风险应由发包人承担，承包人的投标报价可不考虑，发包人应按本标准第 8 章的相关规定及时调整相应的合同价款，事项影响工期变化，并符合合同约定工期调整的，应调整合同工期。因承包人原因引起工期延误及其费用增加（减少）的，应按本标准第 8 章的相关规定执行：……5. 法律法规与政策性变化；……"

案例 102：造价管理部门发布的人工费调整文件是否必须执行？

1. 事实阐述

某建设工程项目中，发包人与承包人签订的《建设工程施工合同》约定采用总价合同计价方式，施工工期为 300 天。合同规定，除六种主要材料（包括钢筋、混凝土、砂浆等）可以调整价格外，其他情况均不予调整。合同未约定人工费变化可调整。施工期间，建设工程造价管理部门发布了人工费调整文件。在结算过程中，发承包双方就是否应调整人工费产生争议。

2. 造价争议

【承包人立场】

根据清单计价规范的相关规定，省级或行业建设主管部门发布的人工费调整应由发包人承担。作为国家标准，该规范应当严格执行。建设工程造价管理部门发布的人工费调整文件是行业主管部门发布的指导性文件，构成工程造价计价依据之一，应当严格执行。基于公平原则，人工费上涨的风险应由发包人承担。

【发包人立场】

本合同为总价合同，仅对六种主要材料有价款调整约定，其他情况（包括人工费变化）均不予调整。当造价管理部门发布人工费调整文件时，承包人的大部分劳务合同已签订，分包单价已确定，客观上不必然导致承包人成本增加。双方签订的总价合同是协商一致的结果。承包人应能预见人工费可能上涨的风险，并基于已知合同条件进行报价，因此应承担相应风险。

3. 案例解析

在工程造价计价活动中，法律并未明确规定人工费上涨必须调整。部门规章、地方规章等规范性文件中，基于风险合理分担原则，建议人工费涨幅风险由发包人承担，但这并非法律法规的强制性规定。即使相关规定提出人工费风险由发包人承担，也未明确发包人不承担的法律后果，合同约定人工费风险由承包人承担不会导致合同或相关条款无效。

《建设工程工程量清单计价规范》（GB 50500—2013）区分了强制性条文与非强制性条文，只有强制性条文必须严格执行。规范中第 3.4.2 条关于人工费调整属非强制性规范，其执行以合同双方约定为准。

合同约定人工费上涨风险由承包人承担时，双方应遵守相关约定。若人工费涨幅异常，超出签订合同时可合理预见的风险范围，双方可通过友好协商，争取由发包人承担并进行人工费调差。

4. 相关依据

（1）依据《建设工程工程量清单计价规范》（GB 50500—2013）第 3.4.1 条："建设工程发承包，必须在招标文件、合同中明确计价中的风险内容及其范围，不得采用无限风险、所有风险或类似语句规定计价中的风险内容及范围。"

第 3.4.2 条："由于下列因素出现，影响合同价款调整的，应由发包人承担：1. 国家法律、法规、规章和政策发生变化；2. 省级或行业建设主管部门发布的人工费调整，但承包人对人工费或人工单价的报价高于发布的除外；3. 由政府定价或政府指导价管理的原材料等价格进行了调整。"

（2）可借鉴《建设工程工程量清单计价标准》（GB/T 50500—2024）第 3.3.1 条："建设工程的施工发承包，应在招标文件、合同中明确计量与计价的风险内容及其范围，不得采用无限风险、所有风险或类似语句约定工程计量与计价中的风险内容及范围。"

案例 103：中标后承包人另行出具的 让利承诺书为何无效？

1. 事实阐述

2020 年 3 月 17 日，某建筑工程集团有限公司通过公开招投标方式中标某实业开发有限公司开发的花园小区工程。双方根据招标文件、投标文件及中标通知书签订了施工合同，签约合同价为 3.3 亿元。

2020 年 3 月 18 日，承包人向发包人出具书面承诺书，承诺购买花园小区 1♯、2♯、4♯、5♯的非临街商铺，价格按照备案价的 140%签订买卖合同（其中 40%以商铺装修合同名义处理，实际不装修），在竣工结算款中一次性扣除。

2022 年 6 月 25 日，花园小区工程竣工验收合格。承包人认为工程施工中发包人多次违约导致成本大幅上升，且考虑到商铺市场变化远不及预期且价格虚高，提出不愿购买商铺，并主张承诺书无效。在竣工结算过程中，发承包双方就承诺书是否构成合同组成部分、是否作为本工程结算依据产生争议。

2. 造价争议

【承包人立场】

承诺书是发包人在招投标活动中隐性要求承包人作出的，并非承包人自愿，如不作出此承诺则可能无法中标。该承诺书违反《中华人民共和国民法典》中的公平、公正和诚实信用原则。尽管承诺书是承包人单方面作出的，但发包人表示接受并要求在结算中严格执行，实际上符合合同成立生效的要约、承诺要件。然而，该承诺违反了招投标法律、法规等强制性规定，构成对工程价款的实质性变更，因此该承诺无效，不产生变更施工合同的效力。

【发包人立场】

承包人出具的承诺书是其自愿行为，旨在通过让利以争取承接下期工程。承诺书属单方行为，不具备法律上的合同性质。法律未规定施工合同签订后作出的让利承诺无效。承包人中标后的单方让利承诺不影响招投标活动的公正性。招投标法及其条例也未禁止承包人在工程中标后作出单方让利行为。承包人的自愿让利承诺应作为双方结算工程价款的依据。

即使承诺书被视为合同性质，也是双方协商一致的结果，应遵循当事人意思自治原则，尊重当事人的真实意思表示。特别是承诺书在施工合同签订后作出，当两份有效合同的意思表示不一致时，应以后签订的合同约定为准。

3. 案例解析

在建设工程招投标活动中，部分投标人为获得中标机会，通过单方承诺的方式向招标人提出高于市场价格购买承建房产、无偿建设住房配套设施或让利等变相降低工程价款的条件。然而，在工程结算时，这些投标人又以单方承诺并非真实意思表示为由，试图维护自身合法权益。

通过工程招投标形式确定承包人后，若承包人在与发包人签订施工合同之后出具让利承诺书，承诺对承建工程予以让利或变相让利，该承诺书构成对工程价款的实质性变更。此类承诺书应被认定为无效，不具备变更施工合同的法律效力。理由如下：

首先，承诺书虽为承包人单方面作出，但经发包人接受后，该承诺书构成要约，承包人接受或以行为表示接受即为承诺，要约与承诺共同构成合同成立及生效的要件。

其次，承包人出具的承诺书内容涉及合同价款调整的实质性内容，违反了招投标法的法律关于"招标人和中标人不得再行订立背离合同实质性内容的其他协议"的规定，故该承诺书无效。

再次，让利承诺书本质上属于"黑合同"。无论"黑合同"形式如何，只要双方达成合意，对"白合同"的工程价款、工程质量、工程期限或违约责任等任一方面进行实质性变更，即构成"黑合同"。建设工程招投标的基本原则是公开、公平与公正，若允许承包人在中标合同之外对中标工程予以大幅让利，实际上侵害了其他投标主体平等参与竞争的权利，违反了招投标活动的基本原则。

最后，承诺让利可能侵害公共利益，并给工程质量及安全带来隐患，涉及广大群众的生命财产安全。签订类似承诺书的"黑合同"行为将造成市场诚信危机，导致大量拖欠工程款及农民工工资的严重后果，是"三角债"的源头之一。

本案例属于标后让利的典型案例。发包人认为案涉让利承诺书是承包人的单方行为，但单方出具和另行签订合同虽有形式差异，然而承诺书的让利实质上构成了对工程价款等实质性内容的背离。不能因承诺书形式瑕疵而否认双方接受认可并变更工程价款的法律后果，而应考虑承诺书的本质属性。无论承诺书是承包人的真实意思表示还是"被迫"出具，均不具有变更招标合同的法律效力。因此，该承诺书应被认定为无效，不应作为本工程竣工结算的依据。

4. 相关依据

（1）依据《中华人民共和国招标投标法》第四十三条："在确定中标人前，招标人不得与投标人就投标价格、投标方案等实质性内容进行谈判。"

第四十六条："招标人和中标人应当自中标通知书发出之日起三十日内，按照招标文件和中标人的投标文件订立书面合同。招标人和中标人不得再行订立背离合同实质性内容的其他协议。"

（2）依据《最高人民法院关于审理建设工程施工合同纠纷案件适用法律问题的解释（一）》（法释〔2020〕25号）第二条："招标人和中标人另行签订的建设工程施工合同约定的工程范围、建设工期、工程质量、工程价款等实质性内容，与中标合同不一致，一方当事人请求按照中标合同确定权利义务的，人民法院应予支持。"

第二十二条："当事人签订的建设工程施工合同与招标文件、投标文件、中标通知书载明的工程范围、建设工期、工程质量、工程价款不一致，一方当事人请求将招标文件、投标文件、中标通知书作为结算工程价款的依据的，人民法院应予支持。"

招标人与中标人在中标合同之外，就明显高于市场价格购买承建房产、无偿建设住房配套设施、让利或向建设单位捐赠财物等事项另行签订合同，实质上等同于变相降低工程价款。若一方当事人以该合同背离中标合同实质性内容为由请求确认无效，人民法院应予支持。

案例104：由发包人代缴施工用水费用，结算时应如何扣除？

1. 事实阐述

承包人使用发包人提供的施工用水，水费由发包人统一计量缴纳。现场设置计量表，双方每月确认用量并在月度支付中扣除。本工程双方确认的累计水费为98万元，而中标清单中水费为121万元（表3-3、表3-4）。发包人主张结算时按121万元扣减，承包人主张按98万元扣减，因此双方产生争议。

表3-3 分部分项工程清单与计价表

序号	项目编码	项目名称	项目特征描述	计量单位	工程量	金额/元	
						综合单价	合价
1	01B002	工程水电费	1. 部位：±0.00以下； 2. 结构类型：剪力墙结构； 3. 工程地点：五环以外	m²	119297.48	21.66	2583983.42

表3-4 单位工程人材机汇总表

序号	名称及规格	单位	数量	市场价/元	合计/元
1	水	t	131274.947	9.22	1210355.01
2	电	kW·h	1208817.5053	0.87	1051671.23

2. 造价争议

【承包人立场】

水费节省主要源于承包人对雨水、降水及生活用水采取二次利用措施，该节水设施的投入成本由承包人承担，因此节约的水费应归承包人所有，以补偿其节水措施的投入。

【发包人立场】

发包人向承包人提供的水费属于甲供材料。根据《建设工程工程量清单计价规范》（GB 50500—2013）第3.2.4条规定，双方对数量存在争议时，应按预算定额耗量计算。本项目中水费按预算定额耗量计算的费用为121万元，故发包人应当扣除121万元。

3. 案例解析

承包人采取节水措施符合《中华人民共和国民法典》确立的绿色原则，值得提倡。水费挂表计量，双方每月都进行签认，而且已经在月度付款中扣除，因此不存在工程量争议。定额反映的是社会平均水平，承包人合理采用有效措施节约用水，不是偷工减料所得，且实施节水措施本身也需要投入费用。因此，在结算时水费应当按照双方确认的金额进行扣减。

4. 相关依据

（1）依据《建设工程工程量清单计价规范》（GB 50500—2013）第3.2.4条："发承包双方对甲供材料的数量发生争议不能达成一致的，应按照相关工程的计价定额同类项目规定的材料消耗量计算。"

（2）依据《中华人民共和国民法典》第九条："民事主体从事民事活动，应当有利于节约资源、保护生态环境。"

第五百零九条："当事人在履行合同过程中，应当避免浪费资源、污染环境和破坏生态。"

（3）依据住房城乡建设部关于印发《建设工程定额管理办法》的通知（建标〔2015〕230号）第十一条："定额应合理反映工程建设的实际情况，体现工程建设的社会平均水平，积极引导新技术、新工艺、新材料、新设备的应用。"

案例105：在合同履行期间，若国家税率发生调整，该如何进行结算？

1. 事实阐述

某工程项目位于云南省某地区，资金来源为县财政统筹，通过公开招标方式确定由某建筑公司承建。双方于2018年10月3日签订施工合同，约定本工程项目采用工程量清单计价方式，合同价格形式为固定单价。工程实际开工日期为2018年10月6日，实际竣工日期为2019年12月5日。

在合同履行期间，因国家政策调整使得增值税税率由10％下调至9％，因此双方在结算时就税金计价调整问题产生争议。

2. 造价争议

【承包人立场】

本工程项目合同约定增值税税率为10％，招标文件明确规定承包本工程项目需缴纳的一切税费均由投标人承担，并包含在合同总报价中，无其他特殊约定。国家税率调整不应改变当事人合同约定的真实意思表示，除非该约定违反法律规定而导致无效。为尊重合同双方意思自治，不宜干预其约定，故不同意调整。

【发包人立场】

税金调整属于国家政策性风险，属于不可竞争费，是对承包人实际缴纳税金的实报实销补偿。承包人施工期间实际缴纳的增值税税率已调整为9％，因此调整后完成的工程量相应造价应按实际缴纳的增值税税率进行调整，即由10％调整为9％。

3. 案例解析

该工程项目实际开工日期为2018年10月6日，实际竣工日期为2019年12月5日。施工期间，国家税务部门将建安工程的增值税税率由10％调整为9％。项目合同专用条款约定了因国家法律法规、政策性调整导致工程造价计价发生变化应予调整。增值税计税应根据施工期间国家税率变化对工程造价计价中税率进行调整，结合项目所在地工程造价管理机构发布的税率调整文件规定，以缴纳期对应的增值税税率作为结算计价依据。2019年4月1日前完成工程量且实际缴纳税费开具发票的，按10％税率计算工程造价；2019年4月1日后实际缴纳税费的，按9％税率计算工程造价。

若合同约定"税金按工程所在地增值税税率10％进行结算，不得调整"，则应尊重当事人意思自治原则，按约定进行结算，一般不予调整。

税金作为不可竞争性费用，与"投标报价后按工程所在地增值税税率10%进行结算，不得调整"的合同约定并不矛盾。合同约定固定税率的，按约定结算；合同未约定固定税率的，按国家法律法规、规章和政策规定进行调整。

4. 相关依据

（1）依据《财政部 税务总局 海关总署关于深化增值税改革有关政策的公告》（财政部 税务总局 海关总署公告2019年第39号）第一条规定："增值税一般纳税人（以下称纳税人）发生增值税应税销售行为或者进口货物，原适用16%税率的，税率调整为13%；原适用10%税率的，税率调整为9%。"该公告自2019年4月1日起执行。

（2）依据《住房和城乡建设部办公厅关于重新调整建设工程计价依据增值税税率的通知》（建办标函〔2019〕193号）规定："按照《财政部 税务总局 海关总署关于深化增值税改革有关政策的公告》（财政部 税务总局 海关总署公告2019年第39号）规定，现将《住房城乡建设部办公厅关于调整建设工程计价依据增值税税率的通知》（建办标〔2018〕20号）规定的工程造价计价依据中增值税税率由10%调整为9%。"

（3）依据《中华人民共和国民法典》第五条规定："民事主体从事民事活动，应当遵循自愿原则，按照自己的意思设立、变更、终止民事法律关系。"自愿原则是民法的一项基本原则，民事主体有权根据自己的意愿，自愿从事民事活动，按照自己的意思自主决定民事法律关系的内容及其设立、变更和终止，自觉承受相应的法律后果。

案例106：在结算时，按照招标控制价扣除甩项的费用是否合理？

1. 事实阐述

某综合办公楼工程项目采用总价合同。因7～9层用途由自用变更为出租，除公共区域按原设计施工外，其他区域取消面层施工。双方签订甩项验收协议并下发变更通知，取消地面、墙面、天棚面层施工。结算时，发包人以承包人报价不平衡为由（表3-5～表3-8），变更取消部分的单价按照招标控制价单价扣除。承包人主张按工程变更处理，发包人要求按照招标控制价进行扣减，双方就此产生争议。

表3-5　分部分项工程清单与计价表（招标控制价）

序号	项目编码	项目名称	项目特征描述	计量单位	工程量	金额/元	
						综合单价	合价
1	011302001001	吊顶天棚	1. 部位:洗手区; 2. 龙骨材料种类、规格、中距:U形轻钢次龙骨LB45×48中距不大于1500,U形轻钢主龙骨CB38×12中距不大于1500,Φ6钢筋吊杆中距横向不大于1500,纵向不大于1200,Φ10钢筋吊环混凝土楼板连接; 3. 面层材料品种、规格:300×300×0.7白色铝扣板	m²	163.86	234.01	38344.88

表 3-6　综合单价分析表（其中材料费）

清单项目综合单价/元				234.01	
材料费明细	主要材料名称、规格、型号	单位	数量	单价/元	合价/元
	U 形轻钢龙骨 CB38×12	m	1.2506	3.58	4.48
	U 形轻钢龙骨 CB50×20	m	4.2965	3.58	15.38
	U 形轻钢龙骨连接件 CB38-L	个	0.2946	1.25	0.37
	U 形轻钢龙骨连接件 CB50-L	个	0.505	0.35	0.18
	U 形轻钢龙骨插挂件 CB50-3	个	2.6866	0.37	0.99
	U 形轻钢龙骨挂件 CB38-2	个	0.8484	0.66	0.56
	U 形轻钢龙骨吊件 CB38-1	个	1.3747	0.65	0.89
	吊杆	根	1.375	5.65	7.77
	铝合金方板 300×300×0.6	m²	1.02	**109.62**	111.81
	铝合金靠墙板 FK1-B	m²	0.05	101.7	5.09
	镀锌垫圈 8	个	1.3883	0.14	0.19
	六角螺母 6	个	2.7766	0.07	0.19
	带母螺栓 6×（30～50）	套	1.3883	0.12	0.17
	膨胀螺栓 Φ10	套	1.3747	2.64	3.63
	铁件	kg	0.3808	3.34	1.27
	合金钢钻头	个	0.017	23.43	0.40
	电焊条（综合）	kg	0.0134	7.78	0.10
	其他材料费	元	2.164	1	2.16
材料费小计			—		155.63

表 3-7　分部分项工程清单与计价表（投标报价）

序号	项目编码	项目名称	项目特征描述	计量单位	工程量	金额/元	
						综合单价	合价
1	011302001001	吊顶天棚	1. 部位:洗手区; 2. 龙骨材料种类、规格、中距:U 形轻钢次龙骨 LB45×48 中距不大于 1500,U 形轻钢主龙骨 CB38×12 中距不大于 1500,Φ6 钢筋吊杆中距横向不大于 1500、纵向不大于 1200,Φ10 钢筋吊环混凝土楼板连接; 3. 面层材料品种、规格:300×300×0.7 白色铝扣板	m²	163.86	142.35	23325.47

表 3-8　综合单价分析表（其中材料费）

清单项目综合单价/元					142.35
	主要材料名称、规格、型号	单位	数量	单价/元	合价/元
材料费明细	U 形轻钢龙骨 CB38×12	m	1.2506	3.58	4.48
	U 形轻钢龙骨 CB50×20	m	4.2965	3.58	15.38
	U 形轻钢龙骨连接件 CB38-L	个	0.2946	1.25	0.37
	U 形轻钢龙骨连接件 CB50-L	个	0.505	0.35	0.18
	U 形轻钢龙骨插挂件 CB50-3	个	2.6866	0.37	0.99
	U 形轻钢龙骨挂件 CB38-2	个	0.8484	0.66	0.56
	U 形轻钢龙骨吊件 CB38-1	个	1.3747	0.65	0.89
	吊杆	根	1.375	5.65	7.77
	铝合金方板 300×300×0.6	m²	1.02	**35**	35.7
	铝合金靠墙板 FK1-B	m²	0.05	101.7	5.09
	镀锌垫圈 8	个	1.3883	0.14	0.19
	六角螺母 6	个	2.7766	0.07	0.19
	带母螺栓 6×（30～50）	套	1.3883	0.12	0.17
	膨胀螺栓 Φ10	套	1.3747	2.64	3.63
	铁件	kg	0.3808	3.34	1.27
	合金钢钻头	个	0.017	23.43	0.40
	电焊条（综合）	kg	0.0134	7.78	0.10
	其他材料费	元	2.164	1	2.16
材料费小计				-	79.52

承包人投标报价中铝合金方板 300mm×300mm×0.6mm 的价格为 35 元/m²，明显低于工程造价信息价格（投标时工程造价信息价格中铝合金方板的不含税价格为 109.62 元/m²）。

2. 造价争议

【承包人立场】

按照合同约定的变更估价原则：已标价工程量清单或预算书有相同项目的，按照相同项目单价认定；已标价工程量清单或预算书中无相同项目，但有类似项目的，参照类似项目的单价认定。

双方签订甩项验收协议并下发变更通知，明确工程量减少系变更所致。依据《建设工程工程量清单计价规范》（GB 50500—2013）相关规定，扣除中标价格时应补偿相应利润和损失。鉴于中标价格的价格分析表中已填报利润率，补偿比例应按相应利润率考虑。

【发包人立场】

承包人采用了不平衡报价，装修部分价格普遍偏低。按中标清单价格扣减不公平，应当按招标控制价进行扣减。若按劳务分包价格测算，中标清单报价远低于市场价，无法覆盖劳务成本。7～9层办公区域出租后，我方可能代理装修，届时费用将按市场价格计算，如果按承包人意愿结算，此争议项是一项损失。

3. 案例解析

不平衡报价是投标人常用的投标策略，未违反法律、法规的强制性规定，应当视为有效。依法成立的合同对双方具有法律约束力，应按照合同约定执行。双方已就甩项验收达成一致意见并下发变更通知，构成合同变更。既属变更，则可按合同约定的变更估价方法进行计价。

发包人原因导致项目甩项，若对承包人造成损失，承包人可主张赔偿。发包人提出的劳务分包价格测算不包含在本合同价格中，与本项目无关，不应再提及。双方签订的甩项验收协议仅表明该工程部位无需继续施工，并未约定结算处理方式。

4. 相关依据

（1）依据《建设工程工程量清单计价规范》（GB 50500—2013）第 9.3.3 条："当发包人提出的工程变更因非承包人原因删减了合同中的某项原定工作或工程，致使承包人发生的费用或（和）得到的收益不能被包括在其他已支付或应支付的项目中，也未被包含在任何替代的工作或工程中时，承包人有权提出并应得到合理的费用及利润补偿。"

（2）依据《中华人民共和国民法典》第七百七十七条："定作人中途变更承揽工作的要求，造成承揽人损失的，应当赔偿损失。"

第四百六十五条："依法成立的合同，受法律保护。依法成立的合同，仅对当事人具有法律约束力，但是法律另有规定的除外。"

第五百八十四条："当事人一方不履行合同义务或者履行合同义务不符合约定，造成对方损失的，损失赔偿额应当相当于因违约所造成的损失，包括合同履行后可以获得的利益；但是，不得超过违约一方订立合同时预见到或者应当预见到的因违约可能造成的损失。"

（3）依据《建设工程造价鉴定规范》（GB/T 51262—2017）第 5.8.5 条："因发包人原因，发包人删减了合同中的某项工作或工程项目，承包人提出应由发包人给予合理的费用及预期利润，委托人认定该事实成立的，鉴定人进行鉴定时，其费用可按相关工程企业管理费的一定比例计算，预期利润可按相关工程项目报价中的利润的一定比例或工程所在地统计部门发布的建筑企业统计年报的利润率计算。"

（4）可借鉴《建设工程工程量清单计价标准》（GB/T 50500—2024）第 8.9.8 条："非承包人原因，发包人提出的工程变更取消了合同中的某项原定工作或工程，且承包人发生的费用或（和）应得的收益没有包括在其他已支付或应支付的项目中或在任何替代的工作或工程中，发包人应补偿承包人的损失费用及合理的预期收益。"

第四章

财政审计阶段争议

案例107：工程结算审计中少报、漏报能否增补？

1. 事实阐述

某项目在工程结算完成后，发现存在的问题包括卫生间防水清单漏报约100万元、钢筋工程量少报150t、混凝土工程量在汇总表中计算错误，从而导致分项工程量多而总量偏少。在审计过程中，审计人员仅进行审减而不审增，致使承包人面临重大损失。承包人要求增加漏报和少报的费用。

2. 造价争议

【承包人立场】

审核方应秉持公平公正原则，不应仅注重减项而忽视增项。鉴于审计过程中双方需重新计算工程量并复审工程量清单，钢筋工程量少报150t和卫生间防水清单漏报约100万元应计入结算。混凝土工程量在汇总表中的计算错误属操作失误，非技术性问题，应予以增加。

【发包人立场】

业主委托审核的目的是从财务角度进行审计，审计结果通常不会导致金额增加。审计工作旨在全面评估投资的合规性、合法性和真实性，而非仅关注漏报或少报的费用。如果承包人认为存在计算错误，可与发包人重新核对工程量并申请重新审计。对于汇总结果中的错误，可予以更正。

3. 案例解析

应全面审核工程量，审核方应同时考虑增加和减少的项目，确保公平性。双方应加强沟通，就争议点进行深入讨论，寻求共识。多算、重算的工程量应予以扣除，少算、漏算的工程量则应予以增加，均需经过重新核对程序。在核对工程量的过程中，凡计算出现错误的，均应予以更正。对于卫生间防水清单漏报情况，需查明事实后再做决定；若确实存在漏报，应提供相关依据，经发包人同意后方可增加。

工程结算审计应当秉持客观公正的原则，既审核多计部分，也审核少计漏计部分，全面反映工程的实际情况，准确核定工程造价。这样做既能维护发包人利益，也能保障承包人合法权益，有利于建立公平合理的市场秩序。

4. 相关依据

（1）依据《中华人民共和国审计法实施条例》第三章第二十条规定："……审计机关对前款规定的建设项目的总预算或者概算的执行情况、年度预算的执行情况和年度决算、单项工程结算、项目竣工决算，依法进行审计监督；对前款规定的建设项目进行审计时，可以对直接有关的设计、施工、供货等单位取得建设项目资金的真实性、合法性进行调查。"

（2）依据《建设工程施工合同（示范文本）》（GF-2017-0201）的相关规定，建设工程合同是平等主体之间的民事合同，双方权利义务应当对等。仅审减而不审增可能损害承包人的合法权益。

案例 108：门窗淋水试验的费用到底由谁承担？

1. 事实阐述

某旧厂改造工程项目采用单价合同，该工程已完成竣工联合验收备案，现处于竣工结算阶段。发包方要求承包方对外幕墙及铝合金门窗进行淋水试验，由此引发费用承担争议。

2. 造价争议

【承包人立场】

在工程竣工联合验收后要求进行的淋水试验，属于住房和城乡建设部规定的质量安全检测业务，应由建设单位依法委托。鉴于该项工作未列入合同清单，故应另行计量计价。

【发包人立场】

根据合同专用条款，承包人应配合发包人委托的第三方检测单位完成相关检测，淋水试验属于承包范围，相关费用已包含在投标报价中，不得另行计价。

3. 案例解析

淋水试验是工程装饰装修分部验收的必要程序，未通过者不得进行后续验收，故发包人的要求具有一定合理性。然而，若淋水试验确属发包人主张的检测项目，承包人有权主张该费用由发包人承担。

淋水试验是对建筑外墙、铝合金门窗、幕墙等进行渗漏检查的一项试验，拟在检查出建筑墙体、门窗等出现渗漏的部位，以便进行修改补漏。这是对构件进行的质量检测，构件的质量由承包人负责。

检测分为工程质量、构件和原材料三类。工程质量检测费由发包人承担，因其用于工程验收。构件和原材料检测费由承包人承担，因其用于验证所提供材料或设备（构件）的质量。但若发包人要求额外进行构件检测，则由发包人承担相应费用。

4. 相关依据

（1）依据《建筑与市政工程施工质量控制通用规范》（GB 55032-2022）第 3.4.1 条："建设单位应委托具备相应资质的第三方检测机构进行工程质量检测，检测项目和数量应符合抽样检验要求。非建设单位委托的检测机构出具的检测报告不得作为工程质量验收依据。"

（2）依据《建设工程施工合同（示范文本）》（GF-2017-0201）第 8.4.2 条："承包人采购的材料和工程设备由承包人妥善保管，保管费用由承包人承担。法律规定材料和工程设备使用前必须进行检验或试验的，承包人应按监理人的要求进行检验或试验，检验或试验费用由承包人承担，不合格的不得使用。"

（3）依据《建设工程质量检测管理办法》（住房和城乡建设部令第 57 号）第十七条："建设单位应当在编制工程概预算时合理核算建设工程质量检测费用，单独列支并按照合同约定及时支付。"

第二十一条："检测报告经检测人员、审核人员、检测机构法定代表人或者其授权的签字人等签署，并加盖检测专用章后方可生效。检测报告中应当包括检测项目代表数量（批次）、检测依据、检测场所地址、检测数据、检测结果、见证人员单位及姓名等相关信息。非建设单位委托的检测机构出具的检测报告不得作为工程质量验收资料。"

案例 109：签字盖章的竣工图可以作为结算依据吗？

1. 事实阐述

某建设项目外墙设计采用保温板铺贴。图纸会审时，承包人指出露台属于室外区域，其靠近室内一侧的图纸未绘制保温板图示。设计人员在图纸会审记录中回复"按外墙面做法"。结算时，发包人仅按施工图纸计算保温工程量，未绘制部分不予计量。承包人提供竣工图纸，指出该部位已完且竣工图纸中有相应图示，但发包人不认可此部位工程量。此外，因冬季施工回填土方，承包人为防止地面开裂，在垫层中增加钢筋网片。结算时，发包人以原图纸未要求为由拒绝计算该费用。尽管竣工图纸中包含钢筋网片做法，发包人仍认为其不能作为结算依据。

2. 造价争议

【承包人立场】

工程结算应按竣工图纸的工程量进行报送，实际施工情况决定工程量计算。竣工图纸作为经签字盖章的正式文件，已确认实际完成部位。施工过程中，监理工程师对各部位施工进行认可，并有相应的分部分项验收资料。因此，露台一侧的保温板和地面钢筋网片应计入结算范围。

【发包人立场】

结算应以施工图纸为依据，不应将竣工图纸作为结算依据。露台一侧的保温板未经设计授权，仅在图纸会审记录中回复"按外墙面做法"，无法确定具体采用何种外墙做法（如檐口处外墙采用抹保温砂浆）。因设计不明确，故不应计算保温板工程量。地面钢筋网片为承包人自行设计，未经设计方同意，且施工图纸中未注明，可视为施工措施，因此不应计入费用。

3. 案例解析

本项目争议的核心在于竣工图是否可作为结算依据。从各类证据来看，竣工图的绘制需以施工过程中的各项变更为支撑，缺乏变更依据的竣工图不能作为结算依据。换言之，在绘制竣工图之前，按照施工过程结算要求，已逐期累计形成最终的竣工结算成果文件。此时，竣工图实际上成为了施工过程的汇编和汇总资料，因此竣工结算编制依据无需包括竣工图。

露台一侧的保温板施工已得到发包人认可，结算时可向设计方确认即可办理。根据施工经验，可判断室内外墙之间应铺设保温板，因其他部位已设计铺贴。理解设计意图后，就可解读设计方在图纸会审记录中"按外墙面做法"的回复。

地面钢筋网片是承包人针对冬季施工回填土方采取的补救措施。原设计图纸已满足地面荷载要求，但气候影响了回填土方的夯实效果。有经验的承包人应当考虑到冬季施工可能造成的损失，且清单中已计取冬雨季施工费。因此，此项不应纳入结算。

4. 相关依据

（1）依据《建设工程文件归档规范》（GB/T 50328—2014）第4.2.8条，其明确了竣工图是工程竣工验收和结算的必备文件，是真实反映建设工程施工结果的图样，所有竣工图均应加盖竣工图章，并应符合规定。要求竣工图由施工单位编制、监理审核、建设单位确认，三者签字盖章齐全方为有效。

第4.2.9条："竣工图的绘制与改绘应符合国家现行有关制图标准的规定。"

（2）依据《建设工程工程量清单计价规范》（GB 50500—2013）第11.2.1条，其规定了办理工程竣工结算的依据。应采用合同履行过程被发承包双方计量、计价、签证认可的资料，不必全部重新计量、计价。

（3）依据《建设工程价款结算暂行办法》（财建〔2004〕369号）第十一条（三）："建设项目的合同、补充协议、变更签证和现场签证，以及经发、承包人认可的其他有效文件。"

案例 110：总价合同的结算是否可以根据竣工图进行审核？

1. 事实阐述

某安置房工程总承包项目在初步设计后进行发包。招标控制价经过财政评审（依据设计概算评审）。合同价格形式为总价合同，合同含税金额为 8.9675 亿元。除根据合同约定在工程实施过程中需进行增减的款项外，合同价格不予调整，但合同当事人另有约定的除外。专用条款约定：项目最终结算以财政评审的结果为准。

该项目目前已进入结算阶段，发包人和财政评审中心要求按照竣工图进行实质审计。例如：工程变更涉及的天棚及内墙面涂料、阳台保温、外墙涂料等，在竣工图纸中没有显示，审计人员要扣减工程量。承包人以总价合同为由，不同意按照竣工图重新计算。双方因此产生争议。

2. 造价争议

📑【承包人立场】

合同约定为总价合同，除根据合同规定在工程实施过程中需进行增减的款项外，合同价格不予调整。对于总价合同部分（含税金额为 8.9675 亿元），不得根据竣工图重新计算。尽管合同专用条款规定项目最终结算以财政评审结果为准，但这并不意味着可以不按合同约定的结算原则随意审核。

👥【发包人立场】

合同约定项目最终结算以财政评审结果为准，该约定合法有效，因此项目结算应按照财政评审结果执行。财政评审依据竣工图进行审核，目的是审核投资的合理性及是否存在过度优化的情况，因此应按照竣工图进行审核。

3. 案例解析

合同约定项目最终结算以财政评审结果为准，该约定有效。在进行财政评审时，发承包双方签订的合同应作为财政评审的重要依据之一。招标在前，签订合同在后，若背离合同实质性内容进行评审，则不符合招投标法第四十六条的相关规定。

若财政评审结论存在明显的不真实、不客观或不合理之处，承包人可以提出意见，主要从以下几个方面入手：（1）财政评审事项及范围是否与建设工程合同及实际实施内容一致；（2）财政评审依据是否正确合理；（3）财政评审结论是否具体明确，是否与合同约定及事实存在矛盾。

4. 相关依据

（1）依据《中华人民共和国招标投标法》第四十六条规定："招标人和中标人应当自中标通知书发出之日起三十日内，按照招标文件和中标人的投标文件订立书面合同。招标人和中标人不得再行订立背离合同实质性内容的其他协议。"

（2）依据《最高人民法院关于审理建设工程施工合同纠纷案件适用法律问题的解释（一）》（法释〔2020〕25 号）第二条："招标人和中标人另行签订的建设工程施工合同约定的工程范围、建设工期、工程质量、工程价款等实质性内容，与中标合同不一致，一方当事人请求按照中标合同确定权利义务的，人民法院应予支持。"

（3）依据湖南高院发布《关于审理建设工程施工合同纠纷案件若干问题的解答》第十三条："问：当事人约定以行政审计、财政评审作为工程款结算依据，一方以审计、财政评审结论不真实、客观要求重新鉴定如何处理？审计部门明确表示无法审计或拖延审计如何处理？答：当事人约定以行政审计、财政评审作为工程款结算依据的，按约定处理。当事人有证据证明审计结论不真实、客观，法院可以准许当事人补充鉴定、重新鉴定或者补充质证等方法对争议事实做出认定。"

（4）依据《福建省高级人民法院建设工程施工合同纠纷疑难问题解答》（2022年）第 26 条："长期未作出财政评审结论或财政评审结论违背合同约定的当事人申请司法鉴定是否准许？……通常情况下，对财政评审结论仅作程序性审查。评审程序合法的，财政评审结论可以作为认定建设工程价款的依据。但是，当事人有证据证明财政评审结论具有不真实、不客观的情形，违反法律规定或合同约定的，应对财政评审结论进行实质审查。注意审查以下问题：（1）财政评审事项及范围与讼争建设工程是否一致；（2）财政评审资料是否全面完整，财政评审依据是否正确合理；（3）财政评审方法是否科学、是否符合实际情况；（4）财政评审程序是否符合法律规定及技术规范要求；（5）财政评审结论是否具体明确，是否与合同约定、已查明的事实存在矛盾；（6）财政评审结论的形式是否符合法定要求。存在以上情形，又无法弥补，导致财政评审结论不能采信的，对当事人的鉴定申请予以准许。"

案例 111：未包含在工程造价信息中的材料，是按财政评审价还是按市场询价结算？

1. 事实阐述

某工程项目的资金来源为县财政资金，项目采用工程量清单计价方式，约定为总价合同，现处于竣工结算阶段。因中标清单中无适用价格，且当地造价管理机构未发布相关材料和设备价格，双方就材料设备计价产生争议。例如，电气安装工程中材料变更为刚性矿物绝缘电缆，中标清单和工程造价信息价格中均无该项材料，而财政评审时给出了一个价格。承包方的理解是按评审的价格进行结算，而发包人的理解是按询价办法进行结算。

2. 造价争议

【承包人立场】

作为政府财政资金投资的项目，结算时应由审核方重新核价，以确保价格的合理性和合规性，最终结算价应以审核部门的审定结果为准。

【发包人立场】

合同条款已明确规定，施工期间的市场调查结果应作为结算依据。由于没有适用的中标清单和类似变更清单项目，且已与参建各方确认了市场价格，所以应按询价办法进行结算。

3. 案例解析

在政府财政性资金投资项目中，确保资金使用的合理性与合规性至关重要。合同条款具有优先效力，双方应依据合同约定的价格作为竣工结算的依据。若审核部门认为双方确认的价格存在偏差或有合理质疑依据，可要求重新确认并调整。重新询价时，应查询施工期间实际使用的材料及设备的市场价格，并进行盖章确认，或参照发包人已确认的价格。

在没有明确合同约定的情况下，应当优先考虑市场询价方式确定材料设备价格，也应当尊重财政评审的专业性，可以将财政评审价作为参考依据之一，但不应将其作为唯一依据。

4. 相关依据

（1）依据《中华人民共和国政府采购法》第三十二条："采购的货物规格、标准统一、现货货源充足且价格变化幅度小的政府采购项目，可以依照本法采用询价方式采购。"

（2）依据《建设工程工程量清单计价规范》（GB 50500—2013）第9.3.1条第3款："已标价工程量清单中没有适用也没有类似于变更工程项目的，应由承包人根据变更工程资料、计量规则和计价办法、工程造价管理机构发布的信息价格和承包人报价浮动率提出变更工程项目的单价，并应报发包人确认后调整。"

（3）可借鉴《建设工程工程量清单计价标准》（GB/T 50500—2024）第8.9.1条第3款："相同施工条件下实施不同项目特征的清单项目或不同施工条件下实施相同项目特征的清单项目，可依据工程实施情况，结合类似项目的合同单价计价规则及报价水平，协商确定市场合理的综合单价。"

案例 112：合同约定按定额结算，现场未使用的机械，是否应在定额中扣除？

1. 事实阐述

某工程项目合同约定按预算定额计价，材料价格执行当期工程造价信息的中准价格，总价下浮10%进行结算。审核人员在结算审减项中扣除了预算定额中墙面粘砖的砂浆罐式搅拌机的费用，理由是当地市场实际采购预拌砂浆时，罐式搅拌机由材料商免费提供，承包人实际未支出该笔费用。承包人认为预拌砂浆的罐式搅拌机费用已包含在砂浆价格中，但实际采购价格与工程造价信息中的价格不符，因此双方产生争议。

2. 造价争议

【承包人立场】

审核人员的目的并非确定因果关系，而是为了降低费用。合同价格已经进行了显著优惠下浮，优惠下浮率是在按预算定额标准组价取费的基础上综合考虑得出的。在此约定下，定额应被视为计价标准，而非随意拆解定额中工料机明细以寻找可扣减内容。整体下浮率已涵盖预算定额与实际的偏差，这种做法实际上人为增加了下浮率，与合同约定相违背。

审核人员明显采取双重标准，仅为降低费用。其给出的理由是按当地市场实际情况处理，然而定额的工料机含量价格与实际情况存在较大差异，是否都应按市场实际情况处理？例如，定额人工费比市场价低三分之二，垂直运输机械套定额比市场租赁费低一半，人工挖土按预算定额组价甚至不足以支付工人的伙食费。然而，在这种情况下，审核人员又会主张按规定而非按实际情况执行。

【发包人立场】

合同约定按预算定额计价应当按实际发生情况进行结算，未发生的项目应予以扣除。总价下浮 10% 是承包人的让利形式，并不能代表预算定额与实际情况的偏差无需扣除。本项目中，未使用的罐式搅拌机需要扣除，同时，墙面砖施工方式由砂浆粘贴改为专用黏结剂粘贴其费用也应相应增加。预算定额子目内的变化，按实际情况调整是合理的做法。

3. 案例解析

双方对施工成本与造价概念存在认知差异。罐式搅拌机属于施工成本管理范畴，与采用造价方式结算并不矛盾。现场材料和机械使用量与造价无关，合同约定按预算定额进行结算，而非按实际发生的施工成本结算。材料价格约定按当期工程造价信息的中准价格计入，不应考虑以市场价格计入。因此，不应扣除罐式搅拌机的费用。

墙面砖施工方式由砂浆粘贴改为专用黏结剂粘贴，属于工程变更，应相应调整预算定额子目。审核人员对此理解存在偏差。承包人提出定额人工费比市场价低三分之二的论点，也是将施工成本与预算定额价格进行对比，将这种观念应用于结算中是不恰当的。

4. 相关依据

依据《天津市装饰装修工程预算基价》（DBD 29-201-2020）总说明，第八条第 1 款："机械台班消耗量是按照正常的施工程序、合理的机械配置确定的。"

第七条第 7 款："本基价中砂浆分别按现拌砂浆和预拌砂浆编制，当设计要求的砂浆品种与预算基价选用不同时，按下表换算，每立方米砂浆折算 1.85t。（1）使用干拌砂浆的，基价中现拌砂浆调换为干拌砂浆，人工工日乘以系数 0.96，机械调换为干混罐式搅拌机，每吨干拌砂浆 0.34 台班。（2）使用湿拌砂浆的，基价中现拌砂浆调换为湿拌砂浆，人工工日乘以系数 0.91，扣除项目中灰浆搅拌机台班消耗量。"

案例 113：财政评审结果与施工图纸存在
差异时，结算应以哪个为准？

1. 事实阐述

某职业技术学院工程项目资金来源为财政专项资金和学校自筹资金，采用工程量清单计价方式，合同形式为总价合同，目前处于工程结算阶段。施工图预算中有 5 个配电房，但财政评审批准的预算仅为 2 个，现场实际实施了 5 个配电房，双方对配电房的结算工程量存在争议。

2. 造价争议

【承包人立场】

盖章的纸质版施工图预算中包含 5 个配电房，结算时不应因漏量漏项而扣减。对于配电房的设计，在施工图设计完成后需与供电局签订供电方案协议并进行深化设计，故施工图预算中配电房的费用应视为暂定价。结算时应依据供电局审批的深化设计图及实际完成的工程量进行结算。

【发包人立场】

承包人在施工图预算审核时未对配电房的工程量提出书面异议，也未办理变更手续，因此结算应按财政审核的施工图预算执行。审计结果不能大于财政审核批准的预算，应按 2 个配电房结算。

3. 案例解析

合同专用条款约定结算方式为财政审核确认的施工图预算费用并增加工程变更。财政审核应基于实际施工图进行。若审核时依据的财政评审批准的预算与施工图不符，承包人有理由质疑财政审核的准确性。因此，承包人应依据实际施工图的工程量进行结算。

承包人主张配电房费用为暂定价，需依据深化设计进行调整，但若合同中未明确规定暂定价的处理方式，承包人可能面临较大风险。双方应就总价变化及配电房数量达成共识，必要时签订补充协议。

财政评审是对财政投资项目的监督管理，但不应直接影响合同双方的权利义务。除非合同明确约定以财政评审结果作为结算依据，否则不应以财政评审结果直接否定实际完成的工程量。对于财政评审与实际施工的差异，双方应共同分析原因。若财政评审存在疏漏，应协商如何在结算中进行合理调整；若因设计变更等原因导致实际施工与评审不一致，应按照合同约定的工程变更流程处理，确定相应的价款调整方式。

4. 相关依据

（1）依据财政部建设部关于印发《建设工程价款结算暂行办法》的通知（财建〔2004〕369 号）第十一条："工程价款结算应按合同约定办理，合同未作约定或约定不明的，发、承包双方应依照下列规定与文件协商处理：（一）国家有关法律、法规和规章制度；（二）国务院建设行政主管部门，省、自治区、直辖市或有关部门发布的工程造价计价标准、计价办法等有关规定；（三）建设项目的合同、补充协议、变更签证和现场签证，以及经发、承包人认可的其他有效文件；（四）其他可依据的材料。"

第十五条："发包人和承包人要加强施工现场的造价控制，及时对工程合同外的事项如实记录并履行书面手续。凡由发、承包双方授权的现场代表签字的现场签证以及发、承包双方协商确定的索赔等费用，应在工程竣工结算中如实办理，不得因发、承包双方现场代表的中途变更改变其有效性。"

（2）依据财政部关于印发《财政投资评审管理规定》的通知（财建〔2009〕648 号）第十二条："财政部门对评审意见的批复和处理决定，作为调整项目预算、掌握项目建设资金拨付进度、办理工程价款结算、竣工财务决算等事项的依据之一。"

第四条第一款："财政投资评审的内容包括：项目预（概）算和竣工决（结）算的真实性、准确性、完整性和时效性等审核。"

案例114：小区改造项目的排水管线
采用市政定额计价合规吗？

1. 事实阐述

某小区改造项目的排水管线在招标时采用市政预算定额中标。审计时，审计人员发现该项目应是房屋建筑的配套工程，预算定额应采用建筑专业的室外工程。承包人认为既然已中标，就必须按中标价格进行结算审核。审计人员考虑到建筑专业与市政专业的差异，认为应采用室外工程定额。因此双方产生争议。

2. 造价争议

【承包人立场】

招标要求按照建筑资质中标，报价时依据市政专业预算定额发包人也没有发现问题，中标时发包人未对价格提出异议，因此最终审核应按中标价格结算。因为投标时必须遵循发包人的要求，预算定额报价正确与否与承包人无关，所以审计时不能将责任推给承包人。

【发包人立场】

需要考虑项目整体的合规性，房屋建筑的配套工程采用市政预算定额中标是不合规的。审计从财务角度出发，关注国有资金的监管，承包人的中标价格存在错误，应予以纠正。

3. 案例解析

发包人在招标时未考虑项目的资金来源和审批性质，主要是由于招标文件编制的疏忽，责任在于发包人。在开标时，发包人参与了中标人的选择，但未发现投标单位采用市政预算定额，承包人未响应招标要求，导致中标结果与工程项目的实质不符。

小区改造项目应划分为房屋建筑的配套工程，小区围墙以外属于市政项目。然而，部分地区的预算定额中有特殊说明，例如天津市建筑工程专业预算定额明确规定，小区内排水管直径超过600mm的，执行市政工程预算基价。

从上述分析可知，责任应由发包人承担，而非承包人的过错，中标价格不应被推翻。根据以上依据，采用市政工程预算定额需视项目实际情况而定。在清单计价模式下，承包人有权自主报价，套用预算定额并非实质性错误，不应再追究承包人责任。部分地区定额说明中还规定，采用市政设计做法的道路工程应按市政预算定额执行。

4. 相关依据

（1）依据《中华人民共和国招标投标法》第四十二条："评标委员会经评审，认为所有投标都不符合招标文件要求的，可以否决所有投标。"

（2）依据《天津市建筑工程预算基价》（DBD 29-101-2020）第十章室外工程定额说明第二条："室外排水管道与市政排水管道的划分：以化粪井外的第一个连接井为

界。连接井以内管径在 600mm 以内者，执行本基价。连接井以外或管径大于 600mm 者，执行市政工程预算基价。"

案例 115：专业暂估价中的利润和税金是否需要单列出来？

1. 事实阐述

在某项目招标中，消防系统的专业暂估价为 450 万元，需在施工过程中进行二次招标以确定分包人。招标清单中注明一口价 450 万元包干，投标人则采用分项报价，单独计算了利润和税金。审计时发现该问题，审计方认为利润和税金应包含在一口价中，而不应单独列出。承包人则认为，单独列出是基于真实交易，且为发包人认可的费用，因此不应进行修正。

2. 造价争议

🈺【承包人立场】

二次招标时，招标价是承包人与发包人在现场基于实际交易价格共同确定的。在分包人投标报价时，发包人并未要求采用一口价的方式填报。采用分项报价的方法可以更直观地判断各项价格的合理性。材料与设备的暂估价中的利润和税金已包含在每条清单子目中，消防系统的暂估价应列出各项清单，并计取利润和税金，这种报价格式是合理的。

👥【发包人立场】

专业暂估价的填报考虑了利润和税金，单独列出可能引发计费重复的疑虑。基于招标方的要求，不采用一口价填报并不能说明投标人认真分析了价格组成。招标人未对报价的列项考虑周全，导致了难以定性的情况，因此，扣除利润和税金是从合规角度考虑的合理做法。

3. 案例解析

每项报价均包含利润和税金，若填报时与审计分析存在差错，责任由发包人承担。在二次招标时，发包人有权不采纳分项报价格式，并可否决此方式的价格组成。如果在分包人中标前未予否决并接受中标结果，则可视为发包人和承包人共同参与了该专业暂估价的价格分析，并认真研究了价格组成。因此，扣除利润和税金对承包人而言是不合理的。

根据清单计价相关规定，中标价中的暂估价必须与招标填写金额一致，承包人可选择参与或不参与二次招标。若承包人参与投标，招标方为发包人；若不参与投标，招标方为承包人，但仍需报发包人审批。这充分说明发包人应对中标结果负责。一般情况下，承包人不参与投标，因此在本案例中，承包人无责任。依据《建设工程施工合同（示范文本）》（GF-2017-0201）中的相关条款，承包人提交暂估价招标方案和工作分工，发包人应在收到后 7 天内确认。

从合规角度来看，此报价方式及招标流程均合法合规。超过规定数额的暂估价需重新招标，未违反招投标法。从合理性角度分析，报价及其依据并未得到合理性判断。市场询价、官方公布价格或工程造价信息中的价格均缺乏对比证据文件，仅有当时所有投标人报价的依据，因此无法认定价格的合理性。

对于复杂专业工程，建议发包人在招标阶段明确暂估价的分解原则（如分部分项工程量清单、措施项目清单等），减少计价争议。

4. 相关依据

根据清单计价规范及本案例所反映的信息，充分证明了承包人在此次报价中的作用、参与情况及责任大小。所需依据如下。

（1）依据《建设工程工程量清单计价规范》（GB 50500—2013）第 6.2.5 条第 3 款："专业工程暂估价应按招标工程量清单中列出的金额填写。"

第 9.9.4 条第 1 款："除合同另有约定外，承包人不参加投标的专业工程发包招标，应由承包人作为招标人，但拟定的招标文件、评标工作、评标结果应报送发包人批准。与组织招标工作有关的费用应当被认为已经包括在承包人的签约合同价（投标总报价）中。"

第 9.9.4 条第 2 款："承包人参加投标的专业工程发包招标，应由发包人作为招标人，与组织招标工作有关的费用由发包人承担。同等条件下，应优先选择承包人中标。"

（2）依据《建设工程施工合同（示范文本）》（GF-2017-0201）第 10.7.1 条第 2 种方式："对于依法必须招标的暂估价项目，由发包人和承包人共同招标确定暂估价供应商或分包人的，承包人应按照施工进度计划，在招标工作启动前 14 天通知发包人，并提交暂估价招标方案和工作分工。发包人应在收到后 7 天内确认。确定中标人后，由发包人、承包人与中标人共同签订暂估价合同。"

（3）可借鉴《建设工程工程量清单计价标准》（GB/T 50500—2024）第 8.4.8 条："承包人参加由发包人作为招标人的暂估价专业工程投标并中标的，应按本标准第 8.5.3 条的规定扣减该专业工程的总承包服务费。"

第 6.2.7 条："投标人应按招标工程量清单中提供的暂列金额、专业工程暂估价金额，准确填报在相应投标总价内。"

案例 116：整套系统设备是否包含软件开发费用？

1. 事实阐述

某智能化项目包括厂区火灾自动报警联动系统、门禁系统、空气质量监测系统等。火灾自动报警联动系统由消防联动控制器、消防控制室显示装置、传输设备、消防电气控制装置、消防设备应急电源、消防电动装置、消防联动模块、消防栓按钮、消防应急广播设备、消防电话等设备和组件，以及软件系统的开发与集成组成，以实现智能化管理。门禁系统则包括门禁控制器、读卡器、门禁电锁和门禁软件系统。

在工程结算时，审计人员认为购买的设备硬件已包含软件系统，因此审减了火灾自动报警联动系统的软件另行开发费用。然而，承包人指出，在招标时该项目已列入清单，报价为 95 万元，且结算时各方也认可此事。承包人强调确实进行了软件开发工作，因此认为不应扣减这项费用。

2. 造价争议

【承包人立场】

招标清单中单独列有软件开发费用，中标价格为 95 万元，结算时咨询人员未对此进行审减。该系统软件是另行开发的，单独分包给软件公司完成，并有相关合同及付款记录。因此，审计人员不应以任何理由进行扣减。

消防联动控制器、消防控制室显示装置、传输设备、消防电气控制装置、消防设备应急电源、消防电动装置、消防联动模块、消防栓按钮、消防应急广播设备、消防电话等设备均为单独购买的硬件。虽然这些设备属于同一个分包合同，但由于生产厂家不同，市场上并不存在成套组装式销售。因此，采用这种分项采购的方法是较为合理的。

【发包人立场】

门禁系统虽然也由不同生产厂家的设备组成，但其价格中已经包含了软件系统。而火灾自动报警联动系统却不包含软件系统，这似乎不太合理。这就像购买一部手机，价格中必然包含了手机软件，用户无需额外付费即可使用。

关于采购的必要性，需要进行论证。该项目软件系统中标价格为 95 万元，需要证明这个报价是否合理。考虑到价格的不确定性，建议将其设为暂估价。在施工过程中，可以启动招标采购程序，对此项目进行二次招标，以确保价格的公平性和合理性。

3. 案例解析

软件价格评估目前仍是一个新兴的业务方向，各审计局正在积极推进这项工作。硬件购买是否包含软件，通常由市场决定，但在编制招标控制价时应予以考虑，这属于发包人的责任范围。具体软件采购的决定通常在招标阶段确定，发包人只需在招标文件中列出清单项目，由承包人填报价格。

本项目中，软件系统开发的中标价格为 95 万元。要证明这一报价是否合理，需要根据软件功能进行专业评估。将其列为暂估价或启动二次招标都无法有效解决这个问题。软件开发的评审工作需要专业人员完成，因其超出了一般造价人员的能力范围。因此，将其视为一项整体报价是合理的，承包人在这方面并无过错。

根据《中华人民共和国民法典》合同编，合同一旦依法成立，对当事人具有法律约束力，各方应依约履行义务。在本案例中，若招标文件、投标文件及合同明确将火灾自动报警联动系统软件开发费用列为单独项目，承包人按约完成开发工作，发包人依约支付费用，就不会产生此类争议。

4. 相关依据

（1）依据《通用安装工程工程量计算规范》（GB 50856—2013）中，表 E.4 建筑信息综合管理系统工程，项目编码为 030504004 的系统软件工程量计算规则："按系统所需集成点数及图示数量计算。"

（2）借鉴《通用安装工程工程量计算标准》（GB/T 50856—2024）表 E.3.1 建筑设备自动化系统，项目编码为 030503001 的通讯网络控制设备的工作内容："1. 本体安装；2. 连接；3. 软件安装、测试；4. 功能参数设置。"项目编码为 030503007 的分系统调试的项目特征描述："1. 调试类别；2. 调试内容；3. 测量类别；4. 测量内容；5. 指标。"

清单计算标准与清单计算规范相对比，清单计算标准中已经将软件开发的费用在安装专业中删除，仅有单系统调试费用。对于通讯网络控制设备这些常见的设备，清单中已经考虑软件安装费用，包含设备自带软件的工作事项。

参 考 文 献

[1]　GB 50854—2013. 房屋建筑与装饰工程工程量计算规范.

[2]　GB/T 50854—2024. 房屋建筑与装饰工程工程量计算标准.

[3]　GB 50856—2013. 通用安装工程工程量计算规范.

[4]　GB/T 50856—2024. 通用安装工程工程量计算标准.

[5]　GF-2017-0201. 建设工程施工合同（示范文本）.

[6]　GF-2020-0216. 建设项目工程总承包合同（示范文本）.

[7]　T/CCEAS 001—2022. 建设项目工程总承包计价规范.

[8]　GB 50205—2020. 钢结构工程施工质量验收标准.

[9]　CJJ 82—2012. 园林绿化工程施工及验收规范.

[10]　JGJ 79—2012. 建筑地基处理技术规范.

[11]　DB11/T 1276—2015. 地下工程建设中城镇排水设施保护技术规程.

[12]　GB/T 51262—2017. 建设工程造价鉴定规范.

[13]　GB 50858—2013. 园林绿化工程工程量计算规范.

[14]　T/CECS 1178—2022. 建设项目过程结算管理标准.

[15]　CECA/GC7—2012. 建设工程造价咨询成果文件质量标准.

[16]　GB 55032—2022. 建筑与市政工程施工质量控制通用规范.

[17]　GB/T 50875—2013. 工程造价术语标准.

[18]　GB/T 50500—2024. 建设工程工程量清单计价规范.